35kV线路
带电更换绝缘子作业技术

王磊　主编

中国电力出版社
CHINA ELECTRIC POWER PRESS

内 容 提 要

本书对 35kV 线路带电更换绝缘子作业的安全防护、作业方式以及现场作业情况进行了阐述。

本书共 4 章，第 1 章为概述，第 2 章为 35kV 线路带电作业安全防护技术，第 3 章为 35kV 线路带电更换绝缘子作业方式，第 4 章为 35kV 线路带电更换绝缘子现场作业。

本书可作为从事 35kV 线路带电作业人员的培训教材，还可作为相关专业工作人员的学习参考资料。

图书在版编目（CIP）数据

35kV 线路带电更换绝缘子作业技术 / 王磊主编．—北京：中国电力出版社，2023.5
ISBN 978-7-5198-7341-7

Ⅰ．①3… Ⅱ．①王… Ⅲ．①绝缘子－设备更换－带电作业 Ⅳ．①TM216

中国版本图书馆 CIP 数据核字（2022）第 240159 号

出版发行：中国电力出版社
地　　址：北京市东城区北京站西街 19 号（邮政编码 100005）
网　　址：http://www.cepp.sgcc.com.cn
责任编辑：肖　敏（010-63412363）
责任校对：黄　蓓　马　宁
装帧设计：郝晓燕
责任印制：石　雷

印　　刷：三河市百盛印装有限公司
版　　次：2023 年 5 月第一版
印　　次：2023 年 5 月北京第一次印刷
开　　本：710 毫米 ×1000 毫米　16 开本
印　　张：10
字　　数：157 千字
印　　数：0001—1000 册
定　　价：45.00 元

编　委　会

主　编： 王　磊

副主编： 谢龙光　唐　盼　苏　贲

参　编： 饶章权　刘　庭　邰　彬　刘　凯　朱　凌
刘　琦　肖　宾　邓惠华　苏　贲　范亚洲
苏梓铭　郭希义　郭　圣　蔡得龙　周华敏
余光凯　李牧轩　万　康　彭　勇　胡金磊
雷兴列　周亚兵　杨　芳　张宝星　廖　鹏
许　亮　陶祥海　祝　昆　丘　丹　卓高智
陈慧坤　刘文松　赵永强　陈永祥　何晓冬
张壮领　郑松源　李嘉杰

前　言

35kV 线路是我国输配电网络的重要组成部分，与 10kV 线路相比，具有输送容量大和线路损耗小等优点，是我国城市近郊及农村电网中的重要供电线路。35kV 线路具有线路长、运行环境差、设备较多的特点，在大气过电压、污秽或其他外界因素作用下容易发生故障，从而降低供电可靠性，甚至对电力用户的正常生产及生活造成直接影响。开展 35kV 线路的带电检修和维护作业，可大大提高电网的安全运行水平及供电可靠性，具有较大的经济效益和社会效益。

本书在带电作业绝缘防护的基础上，对 35kV 线路带电更换绝缘子作业的安全防护、作业方式以及现场作业进行了阐述。本书共 4 章，第 1 章概述，主要介绍了国内外配电网不停电作业发展现状和 35kV 线路带电作业的特点；第 2 章 35kV 线路带电作业安全防护技术，主要介绍了 35kV 线路带电作业安全距离、作业人员电场防护以及绝缘遮蔽用具的效能，为 35kV 线路带电作业安全开展提供了理论基础；第 3 章 35kV 线路带电更换绝缘子作业方式，主要介绍了 35kV 线路的基本情况、35kV 典型杆塔带电作业方法以及带电作业工器具要求，为现场实施 35kV 线路带电更换绝缘子提供了方法支撑；第 4 章 35kV 线路带电更换绝缘子现场作业，主要介绍了作业方案与现场作业案例，为相关单位实施现场作业提供借鉴。

本书由广东电网有限责任公司电力科学研究院与中国电力科学研究院有限公司的多位专家共同编写，广东电网能源发展有限公司协助开展了相关现场作业工作。

本书可作为从事35kV线路带电作业人员的培训教材，还可作为相关专业工作人员的学习参考资料。

由于编者水平有限，书中难免会出现一些不当和错漏，恳请各位专家和读者提出宝贵意见。

编　者

2023年4月

目　　录

1 概　　述

1.1 国内外配电网不停电作业发展现状

1.1.1 国外配电网不停电作业发展现状

目前世界上已经有80多个国家开展了带电作业的研究与应用，其中美国、中国、俄罗斯、日本、加拿大、法国、英国、德国、瑞士、比利时、意大利以及澳大利亚等40多个国家已广泛应用带电作业技术。

在欧美、澳大利亚等国家，主要以架空线路带电作业为主，因此，这些国家配电网带电作业主要采用绝缘手套作业法和绝缘杆作业法。

日本、韩国等国家综合考虑了架空线路带电作业、旁路作业等配电网不停电作业内容，作业方法除了缘手套作业法和绝缘杆作业法以外，还增加了旁路作业法。

美国自1913年起在20～30kV线路上进行间接作业，至1961年在460kV线路上采用了等电位作业。美国36kV及以下电压等级线路主要采用绝缘手套作业法。

法国从1960年建立带电作业技术委员会，1962年开始在低压、中压、高压和超高压设备上开展带电作业研究和试验；1970年，由工业和科学发展部批准带电作业综合规程，适用于输电和配电；1984年，第一批变电检修班组开展了变电带电作业。

20世纪60年代之前，西班牙工作健康与安全管理部门禁止开展带电作业，直到1968年开始第一次在15kV的配电线路上开展带电作业。

韩国不停电检修施工包括基于绝缘斗臂车的绝缘手套作业和旁路电缆的检修作业。韩国1995年开始应用上述带电作业方法，通过应用旁路电缆、车载变压器等实现不停电作业。

日本也广泛开展了带电作业，有YS（YOTSUGI）公司、NGK公司、爱知公司等带电作业工器具及装备生产商。在广泛开展常规带电作业的基础上，日本自 1980 年开始研究旁路作业等不停电作业方法，1985 年全面实现配电线路不停电作业，用户停电施工时间达 2～3min/(户·年)（100V 低压用户），供电可靠性得到显著提高，形成了一整套针对点（指柱上变压器、单根电杆、柱上开关等单一作业）、线（指换线、换杆等涉及整条线路的作业）不同的作业方法和完善的不停电作业体系。

1.1.2 国内配电网不停电作业发展现状

我国带电作业起步于 20 世纪 50 年代，1953～1957 年首先在 3.3～66kV 配电线路上探索研究绝缘杆作业法带电更换和检修设备。20 世纪 60～80 年代，我国带电作业的研究、项目开发和应用等转向超高压输电线路，输电线路带电作业得到逐步发展。20 世纪 90 年代，我国开始较为规范地开展及推广配电架空线路带电作业，并对在配电架空线路上采用绝缘手套作业法和绝缘杆作业法带电作业进行了规范。2002 年首次开展架空线路旁路作业，2011 年提出了电缆线路不停电作业，并于 2012 年开始在电缆线路上开展旁路作业、临时取电作业等项目。2012 年之后，在高海拔地区、低压配电网、机器人等方面开展了配电网不停电作业相关研究与应用。

1.1.2.1 电缆线路不停电作业技术

随着 10kV 电缆线路在配电网中所占比重日益增高，国家电网有限公司于 2011 年确定了将旁路作业法拓展延伸到电缆线路、逐步实现电缆线路不停电作业的发展方向；2012 年，在各地进行了电缆线路不停电作业试点；2013 年，实现了电缆线路不停电作业推广应用；2014 年，根据应用情况开展了实用化研究。

电缆线路不停电作业技术研究解决了电缆线路不停电作业的作业方式、作业装备及作业规程问题，并从柔性旁路电缆敷设及防护、电缆接头型号匹配和不同专业人员的分工管控与标准化操作等方面进行了实用化改进，提出的作业项目和工作要求已纳入《10kV 配电网不停电作业规范》（Q/GDW 10520—2016）。

1.1.2.2 高海拔带电作业技术

2014 年，以“拓展地域、提升技能”为目标，国家电网有限公司对高海拔地区配电架空线路带电作业技术进行了研究，重点突破高海拔地区条件下作业关键技术参数和作业方法；在羊八井（4300m）、拉萨（3600m）、林芝

（2900m）和武汉（28m）的试验场地进行配电带电作业空气间隙、工具沿面闪络特性和防护用具沿面闪络特性的对比试验，对高海拔地区配电带电作业技术进行研究。通过开展高海拔配电带电作业绝缘配合研究，从保留平原地区安全裕度角度考虑，制定了高海拔配电带电作业相关关键技术参数：高海拔地区10kV配电线路带电作业安全距离为0.6m，绝缘支杆、拉（吊）杆等承力工具最小有效绝缘长度为0.6m，绝缘操作杆最小有效绝缘长度为0.9m，安全防护用具最小有效保护距离为0.2m。

在获取高海拔配电带电作业关键参数的基础上，编制了高海拔地区现场标准化作业指导书，并分别于甘肃、青海、四川、西藏高海拔地区开展了现场应用，高海拔带电作业现场应用如图1-1所示。上述应用证明了关键参数的可用性，检验了高海拔地区操作工具和安全防护用具的安全性；相关技术和方法已纳入《10kV配电网不停电作业规范》（Q/GDW 10520—2016），为高海拔地区常态化开展10kV线路不停电作业提供了依据。

(a) (b)

图1-1 高海拔带电作业现场应用

（a）四川作业现场；（b）西藏作业现场

1.1.2.3 低压不停电作业技术

2016年，国家电网有限公司以实现0.4kV低压配电网不停电作业安全开展为目标，结合0.4kV配电网线路设备现场工作需求，按照架空线路、电缆线路、配电站房和低压用户终端等作业对象的不同，提出了四类30项0.4kV不停电作业项目；在分析其作业原理和危险点的基础上，提出了相应的作业方法，并形成了标准化作业指导书。结合0.4kV低压配电网不停电作业中电气伤害安全防护方面的需求，梳理了操作、测量、绝缘防护等成套的电气伤害防护用具，明确了 0.4kV 不停电作业用绝缘防护工具层向耐压试验要求应至少在 1kV 以上，即为 00 级（2.5kV/1min）或 0 级（5kV/1min）。开放工作环境需要穿戴防电弧能力不小于 6.8cal/cm^2 的分体式防电弧服装，戴相应防护等级的防电弧面屏和防电弧手套；封闭环境须穿戴防电弧能力不小于 27.0cal/cm^2 的连体式防电弧服装。针对作业项目需求，研发了 0.4kV 低压配电网不停电作业设备绝缘防护装备和作业工器具。低压不停电作业技术研究如图 1-2 所示。

(a) (b)

图 1-2　低压不停电作业技术研究

（a）防电弧试验；（b）低压绝缘遮蔽用具

2018 年，国家电网有限公司在总结项目研发的基础上，在天津、山东、上海等 10 家单位开展了低压不停电作业试点。低压不停电作业如图 1-3 所示。

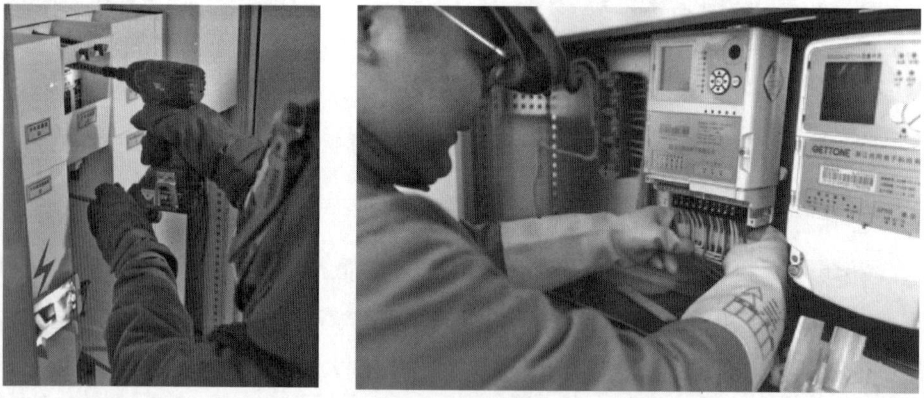

(a) (b)

图 1-3　低压不停电作业

（a）作业现场 1；（b）作业现场 2

1.1.2.4 带电作业机器人技术

20 世纪 90 年代初，我国多个电力部门和科研单位就提出要研制带电作业机器人，但由于当时许多条件不具备，该项技术研究未能进一步开展。随着科技的发展以及人们对配电可靠性和带电作业安全性要求的不断提高，研发具有我国自主知识产权的带电作业机器人的条件逐步成熟。山东鲁能智能技术有限公司及山东省电力科学研究院有限公司对高压带电作业机器人的研究起步较早，从 20 世纪末开始，经过近 20 年的研究历程，其研发的液压臂带电作业机器人目前已经迭代三代。

国家电网有限公司通过机器人本体、通用软件平台、系列化末端作业工具组、智能承载平台、电力专用机械臂的研究，开发了配电网带电作业机器人系列化产品及试点、示范应用，满足了多种带电作业的需求，实现了安全、高质量、高效的机器人自动化作业。目前，已形成自主式带电作业机器人、人机协同式带电作业机器人等多款产品，能够完成 10kV 配电线路带电断、接引流线作业项目，并且在北京、天津、山东等 10 个省（市）成功开展了现场应用。带电作业机器人如图 1-4 所示。

(a)　　(b)

图 1-4　带电作业机器人

(a) 作业现场 1；(b) 作业现场 2

1.2　35kV 线路带电作业的特点

当前我国的电网还处于不断发展中，针对新用户接入、线路技改、设备检修等工程还将长时间存在的现状，电网带电作业是减少线路的计划停电检修和提升供电可靠性的最有效手段。同时，带电作业的安全性也是多年来电网带电作业实践中人们最为关心的问题。35kV 线路是我国输配电线路中一个重要组成部分，相比 10kV 线路，具有输送容量大和线路损耗小等特点，35kV 是我国城市近郊及农村供电网重要的电压等级。35kV 线路具有线路长、运行环境差、设备较多的特点，在大气过电压、污秽或其他外界因素作用下容易发生故障。供电线路一旦发生故障，将直接影响到用户的正常生产、生活和供电可靠性。开展供电线路的带电抢修和维护作业，可大大提高电网的安全运行水平及供电可靠性，具有较大的经济效益和社会效益。

目前，在我国现有的各电压等级线路中，10kV 线路和 110kV 及以上电压等级线路的带电作业技术研究及工作开展基本成熟且日臻完善。随着多年来对配电网供电可靠性要求的不断提高，10kV 带电作业从作业技术要求、作业导则、作业指导书到作业工器具等方面已经较为完备；对于 110kV 及以上电压等级的输电线路，经过几十年的不断研究和探索，也形成了一系列导则标准、工作规范、作业指导书及工器具等，这些均给带电作业的安全有序开展奠定了坚实的基础。然而，与以上电压等级线路形成反差的是，针对 35kV 线路的带电作业开展较少，作业方法不够完善，作业装备配置不齐全，缺乏相应的标准规范。

35kV 线路大部分为单电源供电线路，普遍存在停电困难的问题。随着社会经济的发展，对电网的供电可靠性的要求也越来越高，35kV 线路的带病运行问题亟待解决。35kV 线路介于配电与输电之间，作业方法和防护措施特殊，且作业空间狭小、设备间距窄，对作业人员技能和工器具要求更高。35kV 线路没有地线，容易遭受雷击，缺陷主要集中在绝缘子上。目前，国内 35kV 线路带电作业方法、工器具及相关技术标准缺乏，无法支持 35kV 线路带电作业的开展。

云南红河供电局开展了基于绝缘安全防护的带电断接 35kV 架空线路引流线作业新技术研究与应用。通过仿真计算及试验验证，研究绝缘防护用具在 35kV 线路带电断接引流线作业的绝缘参数，并确定安全间隙等作业关键技术参数、作业关键工序控制等具体内容；研究开发出 35kV 带电作业绝缘手套、绝缘服和绝缘毯等防护用具和遮蔽用具，并将 35kV 带电作业绝缘防护及绝缘遮蔽用具的颜色统一为红色，方便不同电压等级遮蔽用具的区分。在此基础上，云南电网与法国电力公司合作开展了绝缘操作杆的研发，主要涉及五个系列 30 件组合工器具，有效解决了绝缘杆作业法中螺钉、垫圈、金具、W 销、R 销、绝缘子拆除、安装、观察及除锈，扎线安装、拆除及线径测量等工作。

云南红河供电局开展的相关研究与本书所述项目的主要区别如下。

（1）作业对象不同：云南红河供电局主要开展断接引流线作业，而本书所述项目是更换绝缘子作业。

（2）作业方法不同：云南红河供电局主要是依托绝缘手套法开展作业，然后将 10kV 线路的绝缘杆研发成果拓展至 35kV 线路，开展 35kV 线路地电位作业；本书所述项目则是综合绝缘手套和绝缘杆作业法，利用登杆和绝缘斗臂车等平台提出不同杆型的差异化作业方法。

（3）作业工具不同：云南红河供电局主要开发了通用型绝缘杆操作工具，主要对象是 10kV 线路，同时兼顾 35kV 线路；本书所述项目针对广东地区的 35kV 线路杆塔结构，专门研发设计了更换绝缘子专用工具。

本书通过对 35kV 线路安全距离、最小有效绝缘长度等关键技术参数的介绍，明确分析了 35kV 线路带电作业安全防护要求和安全进入路径，确保 35kV 线路带电作业 100%安全开展。针对单、双回线路直线和耐张杆塔，提出了更换绝缘子的差异化作业方法，并提出了作业项目的全覆盖，包括对作业流程、工器具准备及技术标准相关内容的界定。

2　35kV 线路带电作业安全防护技术

电对人体的危害作用有两种：①人体的不同部位同时接触有电位差的物体，电流通过人体时发生的损害；②在带电设备附近工作时，尽管人体并未接触带电体，但却有风吹、针刺、蠕动等不适感，这是由空间电场引起的。

带电作业是指在带电的情况下，对送变电设备进行测试、维护和更换部件的作业。想要带电作业时不仅保证人身没有触电受伤的危险，还能保证作业人员没有任何不舒服的感觉，就必须满足以下三条要求：

（1）流经人体的电流不超过人体的最小感知电流 1mA（1000μA）。

（2）人体体表局部场强不超过人体的最小感知场强 240kV/m。

（3）人体与带电体保持规定的安全距离。

因此，在配电带电作业领域，作业人员一般采用绝缘防护用具、绝缘遮蔽用具、绝缘平台或绝缘操作杆进行相对地和相间的绝缘防护，确保作业人员在作业过程中不会发生短路触电事故。而在输电带电作业领域，作业人员通过足够的空气间隙确保不会发生短路事故，同时使用带电作业用屏蔽服保护作业人员免受电场的危害。

2.1　35kV 线路带电作业安全距离研究

电气设备在运行中可能受到的作用电压有正常运行条件下的工频电压、暂时过电压（包括工频电压升高）、操作过电压与雷电过电压。《国家电网公司电力安全工作规程　线路部分》（Q/GDW 1799.2—2013）中规定：“带电作业应在良好天气下进行。如遇雷电（听见雷声、看见闪电）、雪、雹、雨、雾等，不应进行带电作业。”因此，在分析带电作业安全距离等参数时不需考虑雷电过电压的作用。

2.1.1　带电作业中的作用电压

2.1.1.1　工频电压

正常运行条件下，线路的工频电压会有某些波动，且系统中各点的工频电压不完全相等，但不会超过设备最高电压。35kV 线路的电压升高系数 K_r 为 1.15，设备最高运行电压 U_m 为 40.5kV。

2.1.1.2 暂时过电压

暂时过电压主要指工频过电压与谐振过电压，其严重程度取决于其幅值和持续时间。系统中的工频过电压一般是由线路空载、接地故障和甩负荷等引起。由于暂时过电压的持续时间长、能量较大，所以在考虑带电作业绝缘工具、装置和设备的泄漏距离时，常以暂时过电压为依据。

《交流电气装置的过电压保护和绝缘配合》（DL/T 620—2016）中指出，35～66kV 系统的暂时过电压一般不超过$\sqrt{3}$p.u.（p.u.指标幺值）。

2.1.1.3 操作过电压

操作过电压是系统内的正常操作、切除故障操作或因故障所造成的过电压，其特点是幅值较高、持续时间短、衰减快。

对于 35kV 系统，为了确保系统和设备的安全，要求：35kV 低电阻接地系统的操作过电压水平不超过 3.2p.u.；除低电阻接地系统外，其他 35kV 系统的操作过电压水平不超过 4.0p.u.；相间操作过电压宜取相对地过电压的 1.3～1.4 倍。

带电作业时，不考虑线路合闸过电压；如果在带电作业时已停用自动重合闸，则过电压倍数一般较标准值低。根据《交流电气装置的过电压保护和绝缘配合》（DL/T 620—2016）规定，35kV 系统的统计过电压倍数 K_E 不大于 4.0。以此过电压水平校核 35kV 带电作业安全距离和最小有效绝缘长度时，计算结果具有较高的安全裕度。

2.1.2 带电作业间隙放电试验特性研究

为了确保带电作业人员免受电气伤害，作业人员需要与接地体或带电体保持最小安全距离，这个安全距离一般是由空气间隙组成。依据绝缘配合的原理，为了确定最小安全距离，必须先对空气间隙的放电特性进行研究。在进行 35kV 线路带电作业时，由于作业人员在不同位置、不同设备上进行作业，带电体、人体和接地体之间构成的间隙结构多种多样；为了从严考虑，采用棒—板、棒—棒间隙进行间隙长度为 0.2～1m 的放电特性试验。

在进行间隙放电试验时，采用升降法。由于间隙距离较小时，操作冲击放电比工频放电的分散性大，在确定操作冲击的绝缘耐受水平时，应在每个间隙距离下试验至少 40 次；而在工频放电试验时，每个间隙距离下需进行 5 次试验。

2.1.2.1　试验条件

间隙放电试验所使用仪器设备见表 2-1。

表 2-1　　间隙放电试验所用仪器设备

仪器设备	规格尺寸
棒电极	直径 16mm，长度 100mm，头部为半球形的金属铜棒
板电极	500mm×500mm
冲击电压发生器	2400kV
工频电源	1000kV 串级试验变压器

冲击电压发生器和工频电源如图 2-1 所示，试验电极如图 2-2 所示。标准操作冲击波形为+250/2500μs。

(a)

(b)

图 2-1　冲击电压发生器和工频电源

(a) 冲击电压发生器；(b) 工频电源（串级试验变压器）

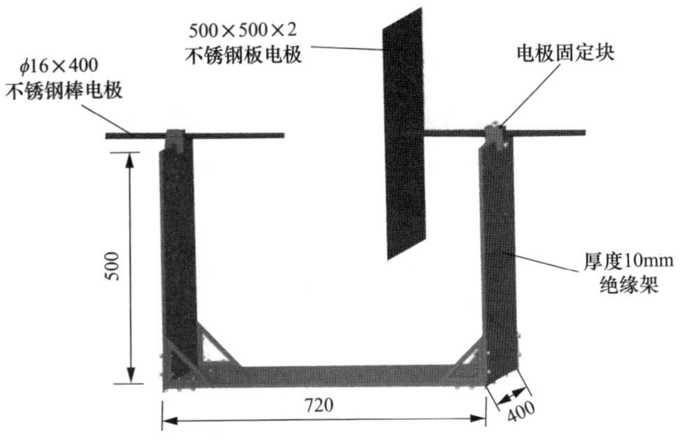

图 2-2 试验电极示意图

2.1.2.2 带电作业间隙操作冲击放电特性

《绝缘配合 第 2 部分：使用导则》（IEC 60071-2：2018）推荐的空气间隙操作过电压绝缘特性的经验公式：

$$U_{50} = KU_{50RP} \tag{2-1}$$

$$U_{50RP} = 500d^{0.6} \tag{2-2}$$

式中 U_{50}——间隙的操作冲击 50%放电电压，kV；

d——空气间隙距离，$d>2$m；

K——间隙系数；

U_{50RP}——相应电压波形及间隙距离下棒—板间隙操作冲击 50%放电电压，kV。

对于配电线路的间隙来说，式（2-1）和式（2-2）并不适用，对于小于 1m 的棒—板的间隙可以采用 Lemke 公式：

$$U_{50} = 0.4d + 20 \tag{2-3}$$

式（2-3）可以用于电压范围在 20～393kV、$d<1$m 的情况。

研究中，可根据各带电作业间隙结构的操作冲击放电试验数据，得出该带电作业间隙结构的操作冲击放电拟合曲线。

2.1.2.3 带电作业危险率计算

在带电作业中，将带电作业间隙在每发生一次操作过电压时，该间隙发生放电的概率称为带电作业危险率。带电作业危险率 R_0 可由下式计算求得：

$$R_0 = \frac{1}{2}\int_0^{\infty} P_0(U) P_d(U) \mathrm{d}U \tag{2-4}$$

式中 $P_0(U)$——带电作业操作过电压幅值的概率密度函数；

$P_d(U)$——空气间隙在幅值为 U 的操作过电压下击穿的概率分布函数，可由式（2-5）计算得到。

$$P_d(U) = \int_0^U \frac{1}{\sigma_d\sqrt{2\pi}} \cdot \mathrm{e}^{-\frac{1}{2}\left(\frac{U-U_{50}}{\sigma_d}\right)^2} \mathrm{d}U \tag{2-5}$$

式中 U_{50}——空气间隙的操作冲击 50%放电电压；

σ_d——空气间隙操作冲击放电电压标准偏差。

根据上述数学模型编制计算程序，即可计算得到相应的带电作业危险率。公认可接受的带电作业危险率 $R_0 \leqslant 1.0\times10^{-5}$。

2.1.2.4 气象及海拔修正

所有试验数据，均应按《高电压试验技术 第 1 部分：一般定义及试验要求》（GB/T 16927.1—2011）修正为标准气象条件下的数据。

在确定带电作业最小安全距离和最小组合间隙时，需考虑海拔的影响。海拔校正系数 K_a 采用《绝缘配合 第 2 部分：使用导则》（IEC 60071-2—2018）推荐公式：

$$K_a = \mathrm{e}^{m\times\frac{H}{8150}} \tag{2-6}$$

式中 H——海拔（m）；

m——与最小放电路径及电压波形相关的系数。

2.1.2.5 典型间隙的放电试验

根据前人的研究结果，小间隙的工频和操作冲击击穿电压分散性较小，没有显著的饱和现象，保持着较好的线性关系。

图 2-3 棒—棒间隙水平布置及操作冲击电压放电图像

1. 间隙的操作冲击放电试验

（1）棒—棒间隙的操作冲击放电试验。棒—棒间隙水平布置及操作冲击电压放电图像如图 2-3 所示，操作波放电电压具有较大的分散性。考虑 35kV 带电作业可能产生的空气间隙，分别研究了间隙距离在 20～90cm 之间的放电特性，棒—棒间隙的操作冲击放电电压 U_{50} 见表 2-2。从表 2-2 中可以看出，对于电极结构对称的棒—棒电极，在间隙距离为 40cm 以下时，正负极性放电电压的差异很小；在 40cm 的间隙条件下，放电电压相差 2%，比 90cm 的间隙条件下的 21.8% 小很多。因此，在间隙距离较小的条件下，大地和附近接地物体对间隙的电场分布特性的影响可以忽略不计，间隙放电的极性效应就可以忽略不计。在该布置下，棒—棒间隙的操作过电压放电特性曲线如图 2-4 所示，间隙的正极性放电电压梯度为 6.71kV/cm，负极性放电电压梯度为 7.78kV/cm，棒—棒间隙在操作冲击放电电压与间隙距离具有较好的线性关系。

表 2-2　　棒—棒间隙的操作冲击放电电压 U_{50}　　(kV)

间隙距离（cm）	20	30	40	50	60	90
负极性 U_{50}	136.1	204.9	275.8	371.3	505.4	714.5
正极性 U_{50}	132.5	200.5	264.3	323.6	443.2	586.6

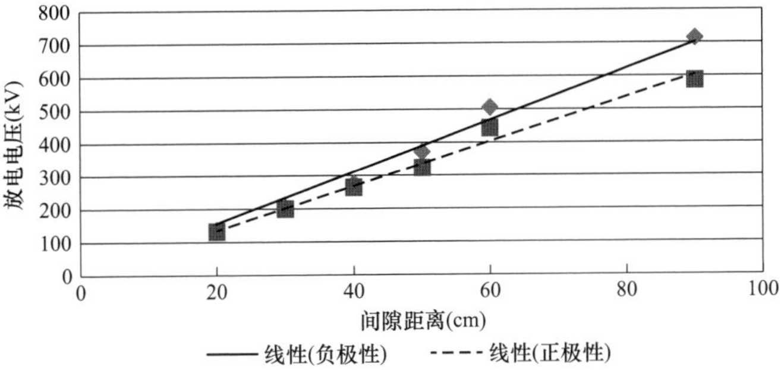

图 2-4　棒—棒间隙的操作过电压放电特性曲线

（2）棒—板间隙的操作冲击放电试验。棒—板间隙在操作冲击电压下的放电图像如图 2-5 所示，冲击放电电压 U_{50} 见表 2-3。棒—板间隙下，正极性与负极性放电电压的差别很大，在 60cm 的间隙条件下，正极性放电电压约为负极性放电电压的 57%。这是因为极性效应的影响，即在棒—板构成的不均匀不对称电场中，正棒的电晕起始电压大于负棒的电晕起始电压，使得两者的击穿电压相差较大。棒—板间隙在操作冲击电压下的放电电压与间隙距离具有较好的线性关系，棒—板间隙的操作过电压放电特性曲线如图 2-6 所示，正极性放电电压梯度为 4.96kV/cm，而负极性的放电电压梯度为 6.00kV/cm。

图 2-5　棒—板间隙下的操作冲击放电图像

表 2-3　　棒—板间隙的操作冲击放电电压 U_{50}　　(kV)

间隙距离（cm）	20	30	40	50	60	90
负极性 U_{50}	269.2	308.7	370.2	433.1	505.4	678.3
正极性 U_{50}	100.1	147.3	192.5	240.9	287.8	459.7

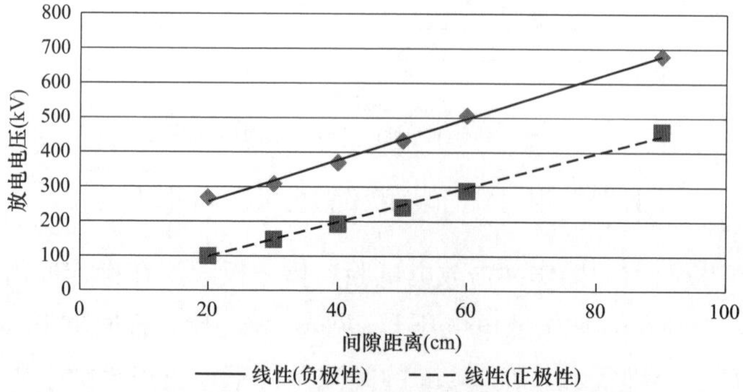

图 2-6　棒—板间隙的操作过电压放电特性曲线

（3）小结。在 0.2～1m 的间隙范围里，棒—棒间隙在操作冲击电压下的放电电压梯度为正极性 6.71kV/cm、负极性 7.78kV/cm；棒—板间隙在操作冲击电压下的放电电压梯度为正极性 4.96kV/cm、负极性 6.00kV/cm。试验研究表明，间隙的结构对间隙的放电特性具有较大的影响。在操作冲击电压作用下，棒—板间隙相对棒—棒间隙具有更大的分散性，且受放电电压的极性影响较大。

2. 典型间隙在工频电压下的放电试验

（1）棒—棒间隙的工频放电试验。棒—棒间隙的工频电压放电图像如图 2-7 所示，在工频电压下的放电图像具有明显的蓝色电弧，具有比操作冲击过电压下间隙放电电弧更大的能量。试验研究了间隙距离在 20～60cm 之间的放电特性，棒—棒间隙的工频击穿电压 U_{50} 见表 2-4。在该布置下，棒—棒间隙的工频电压放电特性曲线如图 2-8 所示，间隙的工频放电电压梯度为 4.06kV/cm。

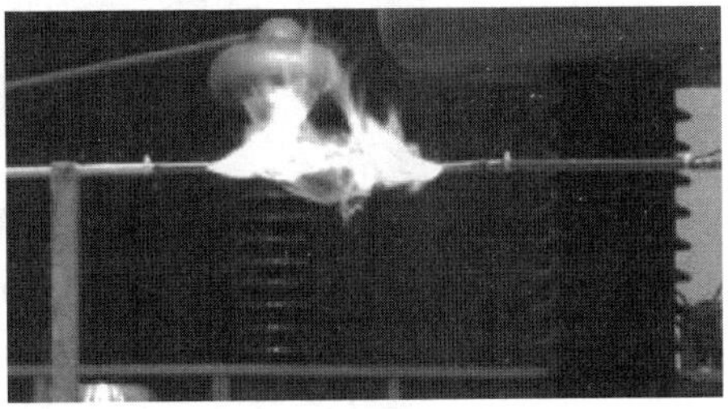

图 2-7　棒—棒间隙的工频电压放电图像

表 2-4　　棒—棒间隙的工频击穿电压 U_{50}　　（kV）

间隙距离（cm）	20	40	60
放电电压 U_{50}	81.5	163.1	243.4

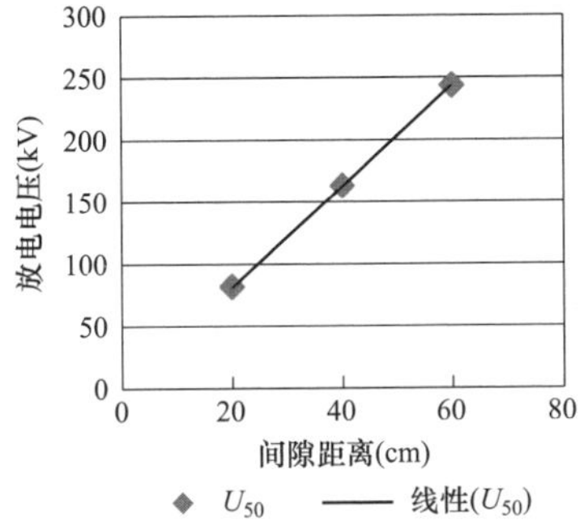

图 2-8　棒—棒间隙的工频电压放电特性曲线

（2）棒—板间隙的工频放电试验。棒—板间隙的工频电压放电图像如图 2-9 所示，在工频电压下，棒—板间隙的放电电弧呈刷状分布，具有比操作冲击下间隙放电电弧更大的能量。试验研究了间隙距离在 20～60cm 之间的放电特性，棒—板间隙的工频放电电压 U_{50} 见表 2-5。棒—板间隙水平布置时，工频电压放电特性曲线如图 2-10 所示，间隙的工频放电电压梯度为 3.61kV/cm，具有良好的线性关系。

图 2-9　棒—板间隙的工频电压放电图像

表 2-5　　棒—板间隙的工频放电电压 U_{50}　　(kV)

间隙距离（cm）	20	40	60
放电电压 U_{50}	72.3	152.4	211.6

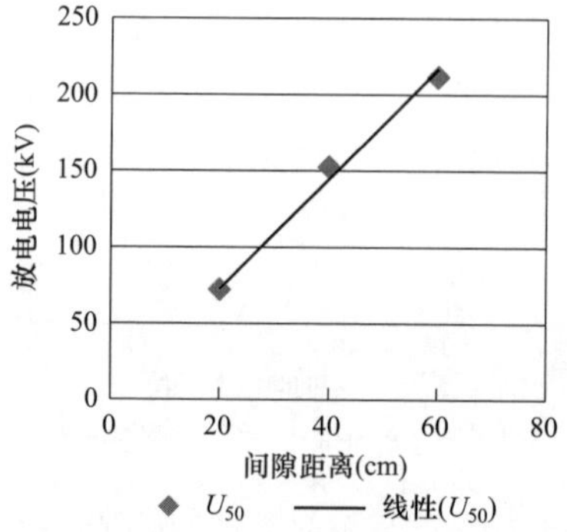

图 2-10　棒—板间隙的工频电压放电特性曲线

棒—板间隙和棒—棒间隙在工频电压下的 U_{50} 之间的差距小于操作过电压下的差值，且不同间隙结构下的放电电压梯度基本相同。因此在工频电压下，间隙结构和布置对放电电压的影响较小。

（3）小结。结合带电作业过程中的典型间隙，分别研究了棒—棒间隙和棒—板间隙在操作冲击过电压以及工频电压下的放电特性，得出以下结论：

1）间隙在操作冲击过电压下的放电电压有明显的极性对效应，因而在进行配电网过电压绝缘配合时主要考虑正极性的过电压。

2）棒—棒间隙在操作冲击电压下的放电电压梯度为正极性 6.71kV/cm、负极性 7.78kV/cm；棒—板间隙在操作冲击电压下的放电电压梯度为正极性 4.96kV/cm、负极性 8.33kV/cm。

3）工频电压下，棒—棒间隙的放电电压梯度为 4.06kV/cm，棒—板间隙的放电电压梯度为 3.61kV/cm。

2.1.3　带电作业绝缘配合研究

2.1.3.1　安全距离的定义

最小安全距离 D_A 是指作业人员身体的各部位（包括手持导电工具）与不同电位部件之间所需保持的最小空气距离，这个距离是电气距离和人机操纵距离之和，即：

$$D_A = D_U + D_E \tag{2-7}$$

式中　D_U——电气距离，是指带电作业时，带电部分之间和带电部分与接地部件之间发生放电概率很小的空气间隙距离；

D_E——人机操纵距离，这个空气距离应考虑作业过程中无意识的移动和距离判断上的误差，一般取 0.2～1.0m。

带电作业安全距离的作用范围如图 2-11 所示。

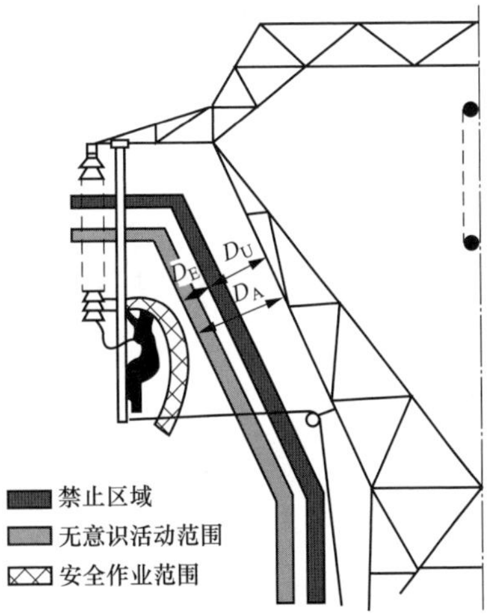

图 2-11　带电作业安全距离的作用范围示意图

2.1.3.2　安全距离的计算

根据典型间隙的放电特性数据，结合相应的绝缘配合方法来确定带电作业的安全距离等参数。

带电作业的绝缘配合有惯用法和统计法两种方法。由于统计法较为复杂，所以在实际工程中往往采用简化统计法。对于非自恢复绝缘和 220kV 及以下电压等级的系统，一般采用惯用法进行绝缘配合。

1. 惯用法

惯用法是一种传统的习惯用法，其基本出发点是使电气设备绝缘的最小击穿电压值高于系统可能出现的最大过电压值，并留有一定的安全裕度。

在绝缘配合惯用法中，系统最大过电压、绝缘耐受电压与安全裕度三者之间的关系为：

$$A=\frac{U_w}{U_{0\cdot max}}=\frac{U_w}{U_n\frac{\sqrt{2}}{\sqrt{3}}\cdot K_r\cdot K_0} \tag{2-8}$$

式中 A——安全裕度；

U_w——绝缘的耐受电压，kV，$U_w=U_{50}(1-3\delta)$；

$U_{0\cdot max}$——系统最大过电压，kV；

U_n——系统额定电压（有效值），kV；

K_r——电压升高系数；

K_0——系统过电压倍数。

（1）工频电压下的距离。按工作电压确定配电线路带电作业时需要的安全距离时，其工频 50%击穿电压 U_{p50} 应符合：

$$U_{p50}\geqslant K_2U_{pm} \tag{2-9}$$

式中 K_2——线路空气间隙工频电压统计配合系数（综合考虑绝缘裕度、空气间隙湿度变化以及其他因素而设定），对 66kV 及以下系统取 1.2；

U_{pm}——系统最高工作相电压。

根据式（2-9）及棒—板间隙的工频放电试验，由于 35kV 最大工作电压为 40.5kV，按照 1.2 裕度得出 U_{p50} 为 28kV，查询空气间隙在棒—板间隙下空气间隙的击穿梯度为 3.61kV/cm，得出 35kV 配电线路工频电压保证安全所需要的安全距离为 7.8cm，取整后为 8cm。

显然，在带电作业过程中，工作电压不是确定最小安全距离的控制因素。

（2）操作过电压下的安全距离计算。《交流电气装置的过电压保护和绝缘配合》（DL/T 620—1997）规定，35kV 系统设备的外绝缘安全裕度 A 一般取

1.2，因此按照公式计算：

$$U_w = A \cdot U_n \frac{\sqrt{2}}{\sqrt{3}} \cdot K_r \cdot K_0 = 1.2 \times 35 \times \frac{\sqrt{2}}{\sqrt{3}} \times 1.15 \times 4 = 157.7\text{kV}$$

$$U_{50} = U_w/(1-3\delta) = 185.5\text{kV}$$

由图2-6棒—板间隙的操作过电压放电特性曲线可得，U_{50}为185.5kV时，棒—板间隙距离为37cm，取整为40cm。

2.《电气与电子工程师协会关于电力线路检修方法的指南》(IEEE Std 516)的计算方法

对于72.5kV以上电压等级线路的安全距离，IEEE Std 516采用以下公式进行计算：

$$D_U = \frac{\frac{U_2 - 36.7}{5.6} + 2.75}{100} \tag{2-10}$$

式中　U_2——系统的统计过电压幅值，可以按照式(2-11)进行计算。

$$U_2 = K_e U_m \sqrt{2}/\sqrt{3} \tag{2-11}$$

式中　U_m——系统运行最高电压，kV；

　　K_e——过电压倍数。

在4倍过电压下，35kV线路的统计过电压幅值为132.3kV，代入式(2-10)得到最小电气距离取整为20cm。IEEE Std 516规定对于0.75～72.5kV的配电线路，在最小电气绝缘距离的基础上，还要加上2in(0.61m)的人员与设备活动距离。

3. 带电作业危险率评估

带电作业危险率是评估带电作业的一种有效的带电作业绝缘配合参数，能确保带电作业过程中绝缘间隙几乎不发生绝缘间隙失效事故。下面根据操作过电压对35kV的带电作业危险率进行计算，通过计算表明，在施加操作过电压的情况下，35kV配电线路带电作业电气距离是满足作业间隙的安全性要求。35kV带电作业电气距离的危险率见表2-6。

表2-6　　35kV带电作业电气距离的危险率

系统最高工作电压(kV)	间隙类型	过电压倍数(p.u.)	放电电压U_{50}(kV)	电气距离(cm)	危险率
40.5	棒—板	4	192.5	40	1.4×10^{-7}

续表

系统最高工作电压（kV）	间隙类型	过电压倍数（p. u.）	放电电压 U_{50}（kV）	电气距离（cm）	危险率
40.5	棒—板	4	288.9	60	5.7×10^{-25}
40.5	棒—棒	3	132.6	20	5.6×10^{-6}
40.5	棒—棒	4	132.6	20	2.0×10^{-2}

4. 典型工况下的安全距离验证

当采用绝缘手套法进行 35kV 带电作业时，作业人员处于中间电位，根据空气间隙绝缘特性定义的安全距离并不能反映这种作业方式下的绝缘水平。采用适当的绝缘遮蔽措施阻挡了作业过程中可能产生的放电，提高了绝缘水平；但是绝缘防护用具和遮蔽用具一般采用绝缘橡胶或树脂类材料加工而成，属于非自恢复绝缘，无法通过操作冲击试验来研究其放电特性。考虑到采用绝缘遮蔽时，这种组合绝缘的绝缘特性相较于纯空气间隙有较大的提高，因此可以通过无绝缘情况下的典型工况的操作冲击试验来验证空气间隙距离的安全性。采用绝缘手套法和等电位作业法带电更换绝缘子等效电路图分别如图 2-12 和图 2-13 所示。

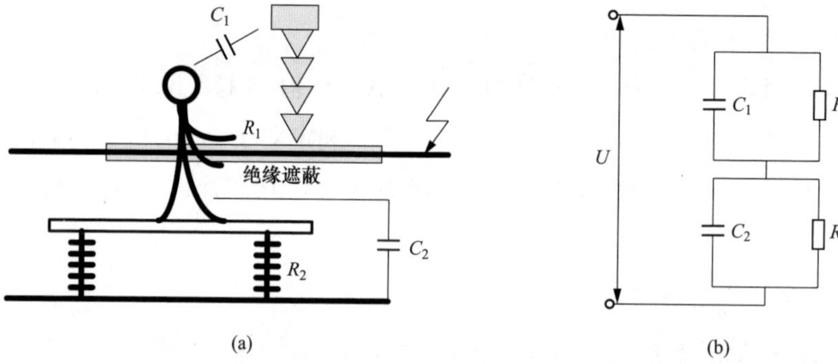

图 2-12　绝缘手套法带电更换绝缘子等效电路图

（a）作业示意图；（b）等效电路图

（1）试验内容。试验分三种典型工况进行，每种工况分别进行 3 个距离的间隙放电试验，共 9 个间隙试验。在三种不同工况中，模拟人手触摸模拟导线，与模拟导线等电位，通过调整模拟人与模拟杆塔之间的间隙距离，间隙距离分别为 0.4、0.5、0.6m，记录取各个间隙距离时的击穿电压峰值，并根据得到的数据计算出模拟人与模拟杆塔之间的 50%冲击放电电压 U_{50}。三种典型工况如图 2-14～图 2-16 所示。

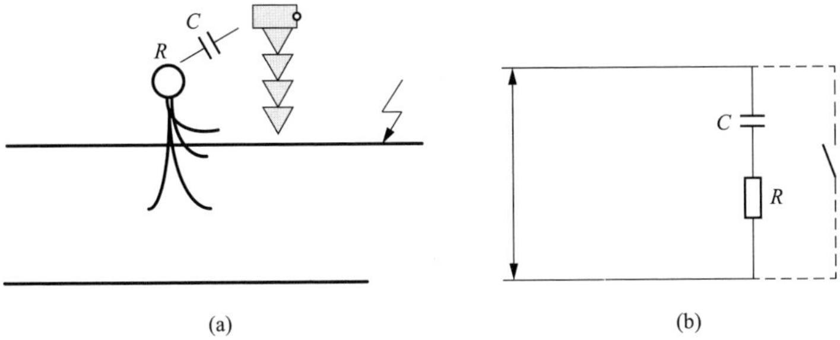

图 2-13　等电位作业法进行带电更换绝缘子等效电路图

（a）作业示意图；（b）等效电路图

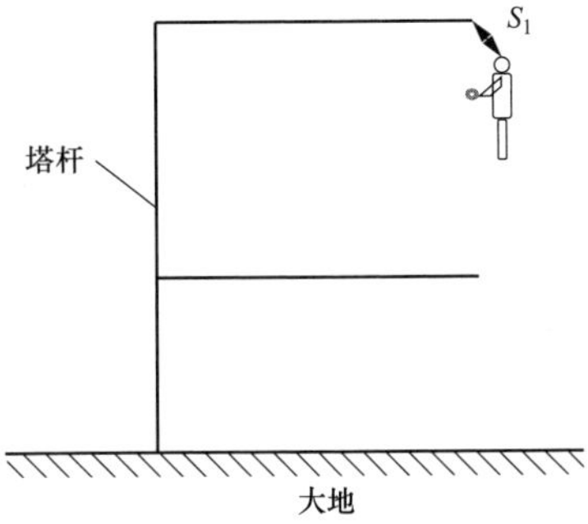

图 2-14　工况 1 示意图

注：1. 人体穿屏蔽服，手触摸导线，处于高电位。

2. 人体头部最近距上横杆距离 S_1 依次为 0.4、0.5、0.6m。

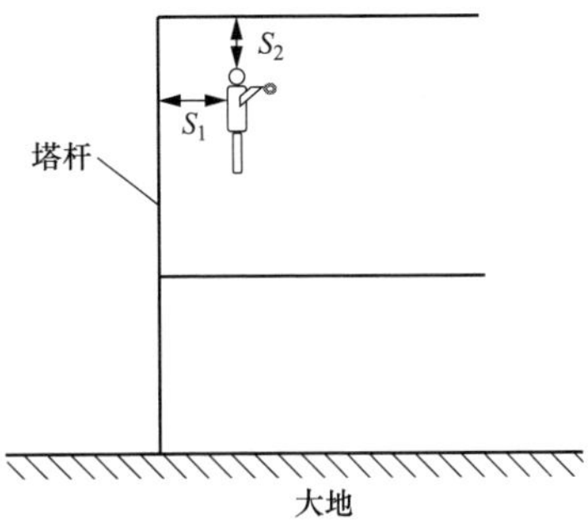

图 2-15　工况 2 示意图

注：1. 人体穿屏蔽服，手触摸导线，处于高电位。

2. 人体躯干最近距塔杆距离 S_1 依次为 0.4、0.5、0.6m，头部距上塔杆 S_2＝1.1m。

（2）试验条件。

1）试验环境及试验设备。

a. 试验地点：高压试验大厅。

b. 试验天气：阴。

c. 试验设备：①间隙击穿回路部分，包括模拟导线、模拟杆塔、模拟人、屏蔽服、电容分压器、回路导线、电容式多级冲击电压发生器；②测量部分，包括示波器、衰减器（衰减倍数为 10）、信号电缆。

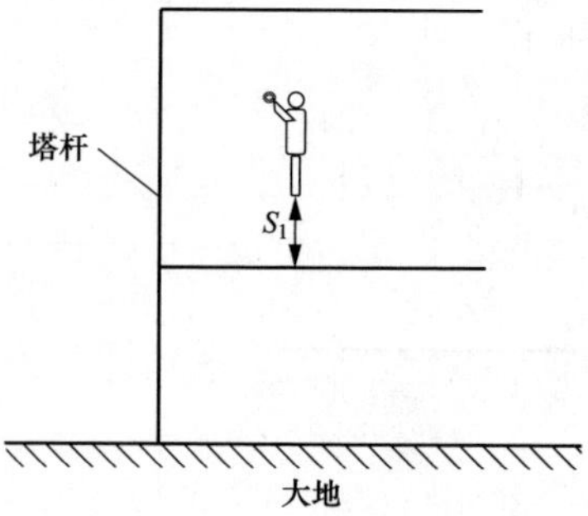

图 2-16　工况 3 示意图

注：1. 人体穿屏蔽服，手触摸导线，处于高电位。
2. 人体脚部最近距塔杆下方横担距离 S_1 依次为 0.4、0.5、0.6m。

2）其他配件及工具：插线板、扳手、螺丝刀、绝缘胶带、标签纸、螺钉、卷尺等。

（3）现场接线（见图 2-17）。

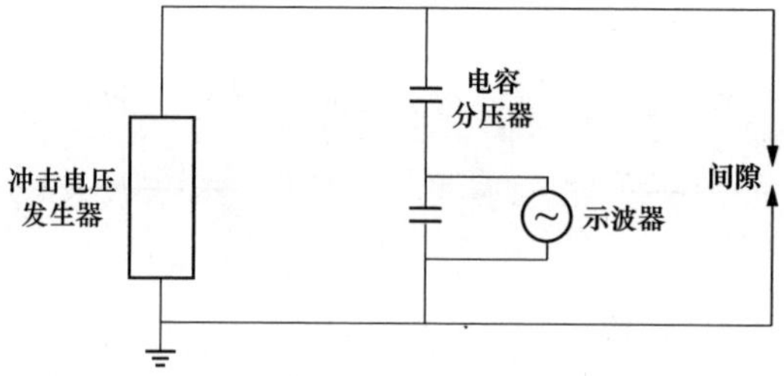

图 2-17　现场接线示意图

图 2-17 中，多级电容式冲击电压发生器模拟操作冲击过电压并接于模拟杆塔与模拟人（模拟人与模拟导线等电位）之间的间隙两端，示波器并接于电容分压器以读取数据。

（4）试验数据与分析。

1）试验数据。

a. 工况 1。间隙距离为 0.5m：试验时大气压强为 102.3kPa，试验大厅干温为 15.5℃，湿温为 13.5℃，相对湿度为 74%。图 2-18 为 0.5m 间隙击穿时的试验现场照片。间隙击穿和未击穿时的示波器电压波形分别如图 2-19 和图 2-20 所示。

图 2-18　0.5m 间隙击穿时的试验现场照片（工况 1）

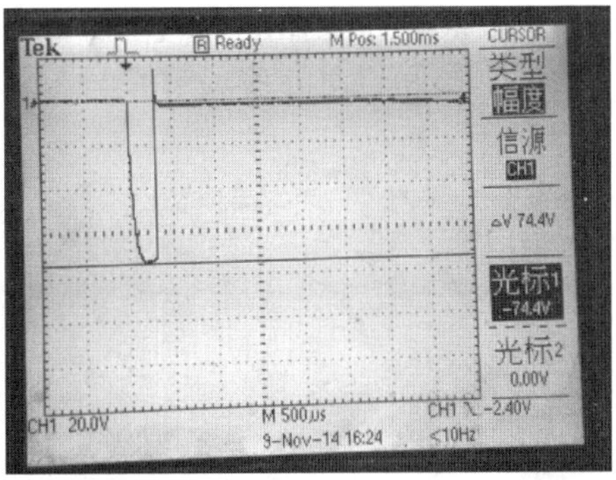

图 2-19　间隙击穿时的示波器电压波形

间隙距离为 0.6m：大气压强为 102.3kPa，试验大厅干温为 15.5℃，湿温为 13.5℃，相对湿度为 74%。图 2-21 为 0.6m 间隙击穿时的试验现场照片。

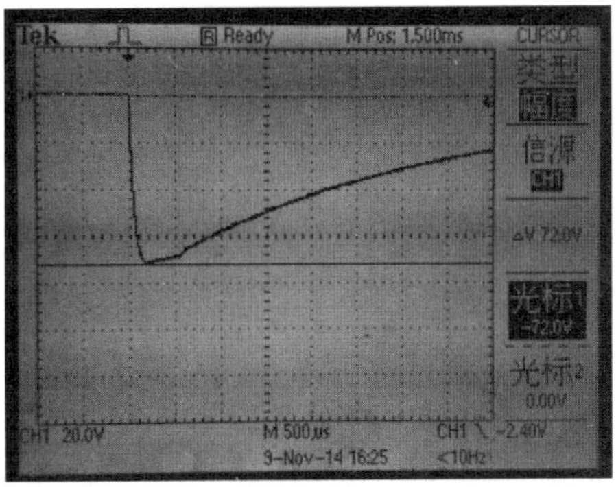

图 2-20　间隙未击穿时的示波器电压波形

图 2-21　0.6m 间隙击穿时的试验现场照片（工况 1）

间隙距离为 0.4m：大气压强为 102.3kPa，试验大厅干温为 15.5℃，湿温为 13.5℃，相对湿度为 74%。图 2-22 为 0.4m 间隙击穿时的试验现场照片。

b. 工况 2。间隙距离为 0.5m：大气压强为 102.3kPa，试验大厅干温为 15.5℃，湿温为 13.5℃，相对湿度为 74%。图 2-23 为 0.5m 间隙击穿时的试验现场照片。

间隙距离为 0.6m：大气压强为 102.3kPa，试验大厅干温为 15.5℃，湿温为 13.5℃，相对湿度为 74%。图 2-24 为 0.6m 间隙击穿时的试验现场照片。

间隙距离为 0.4m：大气压强为 102.3kPa，试验大厅干温为 15.5℃，湿温为 13.5℃，相对湿度为 74%。图 2-25 为 0.4m 间隙击穿时的试验现场照片。

图 2-22　0.4m 间隙击穿时的试验现场照片（工况 1）

图 2-23　0.5m 间隙击穿时的试验现场照片（工况 2）

图 2-24　0.6m 间隙击穿时的试验现场照片（工况 2）

图 2-25　0.4m 间隙击穿时的试验现场照片（工况 2）

c. 工况 3。间隙距离为 0.5m：大气压强为 102.1kPa，试验大厅干温为 16.5℃，湿温为 14℃，相对湿度为 71%。图 2-26 为 0.5m 间隙击穿时的试验现场照片。

间隙距离为 0.6m：大气压强为 102.1kPa，试验大厅干温为 16.5℃，湿温为 14℃，相对湿度为 71%。图 2-27 为 0.6m 间隙击穿时的试验现场照片。

间隙距离为 0.4m：大气压强为 102.1kPa，试验大厅干温为 16.5℃，湿温为 14℃，相对湿度为 71%。图 2-28 为 0.4m 间隙击穿时的试验现场照片。

图 2-26　0.5m 间隙击穿时的试验现场照片（工况 3）

图 2-27　0.6m 间隙击穿时的试验现场照片（工况 3）

图 2-28　0.4m 间隙击穿时的试验现场照片（工况 3）

2）试验数据分析。通过试验数据的记录以及相关软件的计算，可得典型工况间隙的放电电压 U_{50} 及危险率见表 2-7。

表 2-7　　典型工况间隙的放电电压 U_{50} 及危险率

工况	人与塔杆距离（m）	放电电压 U_{50}（kV）	带电作业危险率
1	0.4	190	4.6×10^{-8}
	0.5	250	7.7×10^{-14}
	0.6	320	5.0×10^{-21}
2	0.4	201	1.7×10^{-8}
	0.5	263	3.0×10^{-15}
	0.6	335	2.0×10^{-22}

续表

工况	人与塔杆距离（m）	放电电压 U_{50}(kV)	带电作业危险率
3	0.4	206	5.0×10^{-9}
	0.5	259	8.1×10^{-15}
	0.6	331	4.7×10^{-22}

通过表 2-7 可知，作业人员在 35kV 直线塔塔头附近作业时，头顶距离横担的作业间隙放电电压最低。三种典型工况间隙大于 0.4m 时，带电作业危险率均小于 10^{-5}的安全要求。

2.1.3.3　35kV 带电作业安全距离分析

1. 国内外电气距离对比

目前，国内的《国家电网公司电力安全工作规程　线路部分》（Q/GDW 1799.2—2013）和其他国家的带电作业规范中对 35kV 线路带电作业安全距离的规定见表 2-8。

表 2-8　各国 35kV 线路带电作业安全距离　(m)

标称电压（kV）	35	33	36	33
国家	中国	澳大利亚	美国	日本①
电气距离	0.6	0.15	0.2	0.3
人机操纵距离	—②	0.3	0.5	0.3
安全距离	0.6	0.45	0.7	0.6

① 日本的安全距离来自《劳动安全卫生规则》。

②《国家电网公司电力安全工作规程　线路部分》（Q/GDW 1799.2—2013）中的安全距离未包含人机操纵距离。

从表 2-8 可以看出，虽然我国的 35kV 的安全距离与国外相当，但实际上 0.6m 的安全距离中并未包含人机操纵距离；如果在使用绝缘手套法进行作业时再加上人机操纵距离，则会导致作业过程中需要保持较大的安全距离，从而导致作业开展不便的状况。

由前文中所采用的最小安全距离计算方法可知，国内外的安全距离存在较大差异的原因主要是以下两点：

(1) 国内外安全距离计算中所依据的间隙类型不一样。IEEE Std 516 的计算方法依据的间隙放电数据来自棒—棒间隙，而国内惯用法一般采用棒—板间隙的放电数据。由于棒—板间隙的放电电压低于棒—棒间隙，故国内安全距离的安全裕度更大。

（2）过电压倍数的选择不同。在《交流电气装置的过电压保护和绝缘配合》（DL/T 620—1997）中规定，66kV及以下系统中，操作过电压不超过4.0p.u.。而在IEEE中规定，北美洲电力行业通用适用于带电作业的小于362kV的电力系统，操作过电压倍数为3.0p.u.。不同的过电压倍数对带电作业绝缘配合产生较大影响。

2. 35kV人机操纵距离的分析

人机操纵距离 D_E 主要是考虑了移动和判断距离的有限误差的空气距离，一般取0.2～1.0m，主要取决于下列因素。

（1）知识和技能。作业人员均应接受培训并合格。保障带电作业安全的基础：①熟悉带电作业过程中的各种危险因素；②通过保证最小安全距离等方法保护作业人员安全。

（2）保护遮蔽。遮蔽装置位于作业人员和带电体之间，起到绝缘隔离或仅起到机械遮拦的作用。在距离带电体的空气间隙不满足电气距离时，只有具备足够机械强度的完全绝缘遮蔽装置才能保证作业人员的安全。

（3）作业期间犯的错误。作业期间犯错的可能性取决于采用的作业程序、个人因素、环境的影响及工人活动受协同人员的监护程度。

（4）作业程序和方法。不同的作业程序和方法应考虑不同的最小安全距离。在最小安全距离进行作业时，应严格遵守作业程序。

1）在使用绝缘杆作业时，作业区域未进行绝缘遮蔽，为避免作业人员意外活动导致安全距离不够，可以取 $D_E=0.6$m。

2）使用绝缘手套作业时，作业人员使用绝缘承载工具与大地保持规定的安全距离，穿戴绝缘防护用具，与周围物体保持绝缘隔离，通过绝缘手套对带电体直接进行作业。此时，绝缘承载工具为相地主绝缘，空气间隙为人与其他不同电位部件主绝缘，绝缘遮蔽用具、绝缘防护用具为辅助绝缘。作为主绝缘的绝缘承载工具和空气间隙都应该满足最小安全距离的要求，作为辅助绝缘的绝缘用具应可以承受系统的最大运行电压。当作业人员的身体部位偶然擦碰到不同电位的物体所覆盖的绝缘遮蔽时，系统同时产生最大过电压的概率很低，绝缘遮蔽不会被击穿；因此，作业人员允许偶然擦碰不同电位部件上的遮蔽用具，此时人体的无意识活动范围可以忽略，故使用绝缘手套作业法时，可以取 $D_E=0.2$m。

3. 35kV 带电作业安全距离

依据式（2-7）中对安全距离的解释以及前文的分析结果，可得到35kV带电作业安全距离，见表2-9。

表 2-9　35kV 线路带电作业安全距离　(m)

作业方法	最小电气距离	人机操纵距离
绝缘手套法	0.4	0.2
绝缘杆作业法	0.4	0.6

2.1.4 高海拔地区安全距离校核

以在羊八井、拉萨、林芝和武汉的试验场地进行的试验为例，介绍高海拔地区安全距离校核。四地的平均海拔高度分别为4300、3600、2900m和28m。操作冲击电压是由2400kV冲击电压发生器产生的，其波形符合相关标准要求；工频试验电压由1000kV串级试验变压器提供。两者均满足IEC标准对35kV线路带电更换绝缘子作业各项试验研究中对电源的要求。试验采用的测量设备包括64M型峰值电压表、Tek TDS 340示波器等。经校正，整个测量系统的误差小于3%。

小间隙操作冲击放电试验中采用的棒电极直径为16mm，头部为半球形，长度为10cm，模拟作业过程中作业人员手指或绝缘操作杆的金属部分；采用1片板电极（尺寸为0.5m×0.5m）模拟横担等接地体；另外采用了绝缘板材和绝缘支柱作支撑构架和对地绝缘。棒—板间隙放电试验布置如图2-29所示。

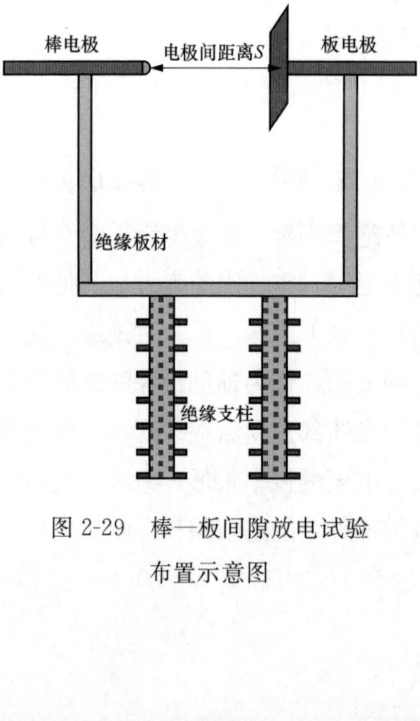

图 2-29　棒—板间隙放电试验布置示意图

开展35kV架空线路带电作业时，人身与带电体的安全距离应不小于0.6m（未经过海拔校正）。考虑高海拔地区对空气间隙放电电压的影响，试验时选取的空气间隙距离分别为400、

500、600mm 和 900mm。按照确定完毕的间隙距离，采用冲击电压发生器作为试验电源，用升降法进行试验，每一个间隙点进行 40 次放电试验。

分别在武汉、林芝、拉萨和羊八井开展棒—板小间隙冲击放电试验，其 U_{50} 特性曲线如图 2-30 所示。

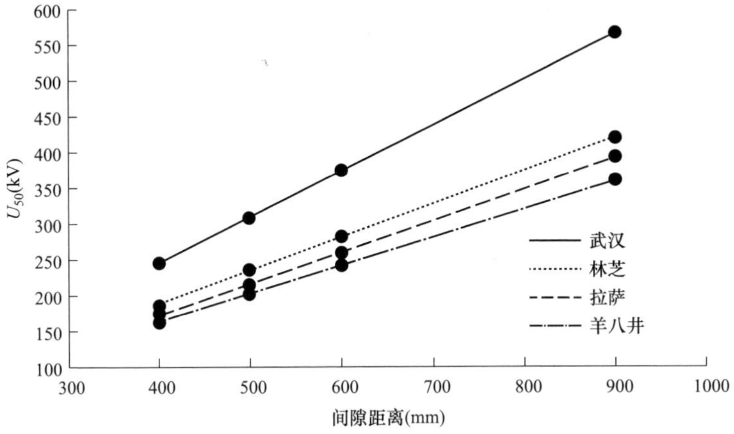

图 2-30　不同海拔棒—板小间隙冲击放电试验 U_{50} 特性曲线

从图 2-30 可知，棒—板间隙操作冲击放电电压随海拔的升高而降低。同样的，这种降低的趋势在不同的气压或海拔范围内有一定的差异。

目前，针对高海拔外绝缘放电电压的修正方法主要包括：①《绝缘配合 第 2 部分：使用导则》（IEC 60071-2：2018）提出的与海拔、冲击电压类型有关的海拔修正方法——m 参数修正法；②认为外绝缘放电电压与气压比之间存在幂指函数关系的相对气压修正法；③GB 311.1 提出的按照“海拔每升高 100m，绝缘强度约降低 1%”的原则进行修正的方法。本试验首先采用相对气压修正方法，以林芝（2900m）、拉萨（3600m）和羊八井（4300m）试验数据为基础，对 3000m 以上高海拔地区大气条件下的棒—板小间隙分别在工频电压、操作冲击电压作用下放电试验结果进行相对气压幂函数拟合，获取海拔 3000m 以上地区的海拔修正公式；然后以武汉（28m）试验数据为基础，使用 m 参数修正法和海拔升高高度修正方法进行海拔修正；最后进行分析和对比，确定高海拔条件下的有效修正方法。棒—板间隙操作冲击放电电压海拔修正误差汇总见表 2-10。

表 2-10　　棒—板间隙操作冲击放电电压海拔修正误差汇总

海拔（m）	间隙距离（mm）	试验获取放电电压（kV）	相对气压修正误差（%）	m 参数修正误差（%）	海拔高度相关修正误差（%）
2900	400	185.1	−1.08	−0.39	−5.99
	500	234.4	−1.68	0.07	−6.56
	600	280.9	−0.17	2.34	−5.11
	900	419.5	0.49	5.23	−4.49
3600	400	173.2	−2.93	−0.61	−9.43
	500	212.4	−0.37	3.37	−7.04
	600	254.6	1.14	5.87	−5.63
	900	392.5	−1.38	6.00	−7.99
4300	400	160.1	−4.33	0.38	−12.74
	500	203.2	−5.13	1.13	−13.46
	600	241.8	−2.98	4.52	−11.51
	900	359.8	−1.99	8.98	−10.60

从表 2-10 可知，相对气压修正法和 m 参数修正法均能够将修正误差控制在 10%以内，海拔相关修正方法误差较大。对比相对气压修正法和 m 参数修正法，无论是在超过 5%的最大误差出现次数，还是单次修正误差与均值之间的偏离程度，相对气压修正法均优于 m 参数修正法。因此，2500m 以上高海拔地区 10kV 配电网带电作业典型作业间隙的海拔校正采用相对气压修正法进行，其修正结论为：在海拔 2500m 以上的高海拔地区，海拔每升高 1000m，操作冲击放电电压下降 8.72%。

采用相对气压修正法校正后，不同海拔的电气距离按绝缘配合惯用法计算。不同海拔的最小电气距离见表 2-11。

表 2-11　　不同海拔的最小电气距离

海拔（m）	相对气压修正法海拔修正系数 K_a	最小电气距离 D_E(mm)
0	1	370
3000	0.74	401
3500	0.69	434
3500	0.65	462
4000	0.61	494

人机操纵距离 D_E 主要是考虑了移动和判断距离的有限误差的空气距离，综合考虑绝缘手套作业法和绝缘杆作业法的安全防护要求和 35kV 线路的典型

塔头作业间隙，D_E 取 0.2m 可以满足安全要求。因此，3000m 及以下地区 35kV 线路带电作业最小电气距离为 0.4m，最小安全距离为 0.6m；3000～4500m 高海拔地区，从严考虑，按 4500m 的放电特性进行校核，最小电气距离取整为 0.5m，最小安全距离为 0.7m。

2.1.5 安全距离校核结论

确定 35kV 配电线路安全距离的关键因素是空气间隙的电气绝缘强度和作业人员的活动范围。根据配电线路带电作业的惯用法，计算得到 35kV 线路带电作业安全距离为 0.4m，此时带电作业危险率为 1.4×10^{-7}，满足带电作业危险率小于 1×10^{-5} 的安全要求。《电业安全工作规程　电力线路部分》(DL 409—1991) 中规定，35kV 安全距离为 0.6m，其带电作业危险率为 5.7×10^{-25}，远小于 1×10^{-5}，安全裕度较大。采用典型工况下作业间隙的操作冲击放电试验校核安全距离，试验结果表明各典型工况下 0.4m 的安全距离能够满足危险率的要求。3000m 及以下地区 35kV 线路带电作业最小电气距离为 0.4m，最小安全距离为 0.6m；3000～4500m 高海拔地区，从严考虑，按 4500m 的放电特性进行校核，最小电气距离取整为 0.5m，最小安全距离为 0.7m。

2.2 35kV 线路带电作业人员电场防护

为分析 35kV 线路空间电场强度水平，进行了计算研究。计算采用工频电场的三维有限元计算方法，计算模型同时考虑铁塔、线路的不同运行方式对电场分布的影响；忽略绝缘子串对电场分布的影响，铁塔表面视作导体平面，大地视为无限大导体平面；设线路的最高工作电压为 40.5kV。

2.2.1 单回线路杆塔电场计算分析

测量点根据杆塔结构、输电线位置以及空间电场分布的基本规律来进行选取。首先在地面选取若干典型的地电位测试点；当作业人员攀登到离开地面一定高度时再选取塔身地电位测试点；考虑到绝缘子串支撑处经常是带电作业人员在塔上的工作位置，选择绝缘子串支撑点处为测量点；还考虑带电作业人员其他途经位置和带电作业位置，选取电场测量点。在计算中，按照带电作业工作人员登塔作业的实际情况，选取电场强度的计算点。单回线路杆塔电场强度计算点位置如图 2-31 所示，电场强度计算点说明见表 2-12。

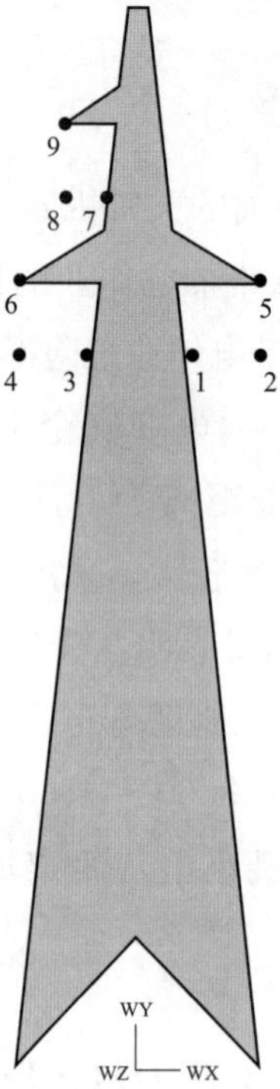

图 2-31　单回线路杆塔电场强度计算点位置示意图

表 2-12　　电场强度计算点说明

计算点	说明
1	铁塔表面（与 35kV 下相右侧导线等高）
2	35kV 下相右侧导线圆周
3	铁塔表面（与 10kV 下相左侧导线等高）
4	35kV 下相左侧导线圆周
5	铁塔表面（35kV 下相右侧横担处）
6	铁塔表面（35kV 下相左侧横担处）
7	铁塔表面（与 35kV 上相导线等高）
8	35kV 上相导线圆周
9	铁塔表面（35kV 上相左侧横担处）

35kV 单回线路导线截面和塔杆电场强度分布如图 2-32 所示。绝缘子为绝缘材料，对输电线路及人体表面的电场分布影响很小，可以忽略。

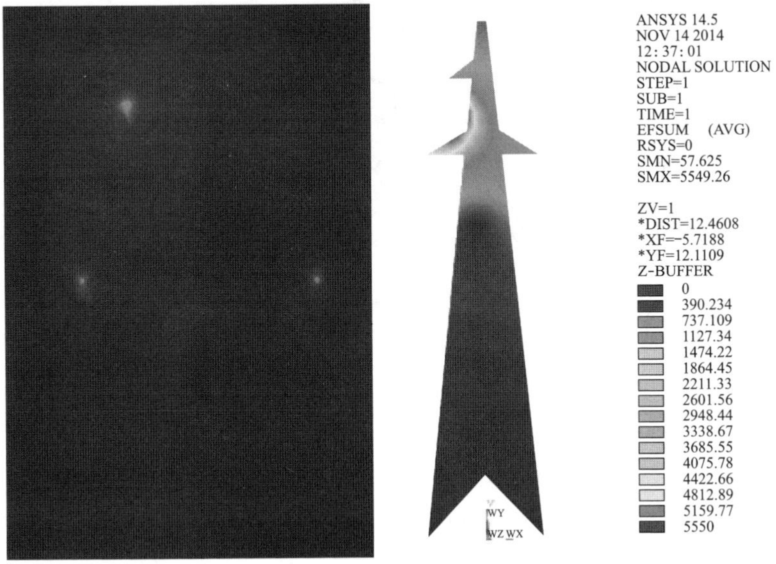

(a)　　(b)

图 2-32　35kV 单回线路导线截面和塔杆电场强度分布

（a）导线截面电场强度分布；（b）塔杆电场强度分布

2.2.1.1　线路杆塔电场计算分析

在不考虑人体影响时，经过铁塔中央与导线垂直的横截面上电场强度分布如图 2-32 所示。

35kV 单回线路在逆时针正序加载的运行方式下，单回线路模型图及相序排列方式如图 2-33 所示，图 2-31 中各计算点的电场强度计算值见表 2-13。

2.2.1.2　作业人员在不同位置场强计算与分析

根据带电作业时作业人员在塔杆和导线间的四个典型位置，选取测量点进行测量。单回线路作业四个典型位置分别为：①人在上相导线上方横担处；②人在上相导线等电位处；③人在下相导线上方横担处；④人在下相导线等电位处。

考虑到塔杆上相导线在左侧，由计算可知，塔杆下相左侧方向的场强会较右侧强，故人在下相的两种工况位置 3 和位置 4 应选取人在左侧下相对的位置。

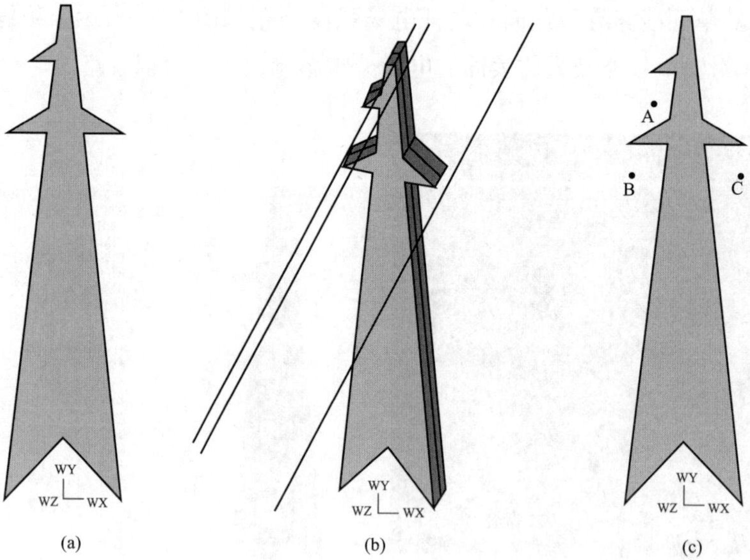

图 2-33　单回线路模型图及相序排列方式示意图

（a）正视图；（b）侧视图；（c）35kV 线路相序

表 2-13　　各计算点的电场强度计算值　　(kV/m)

计算点	1	2	3	4	5	6	7	8	9
电场强度	2.21	225.67	2.363	249.11	2.62	4.81	5.55	375.12	3.17

计算采用有限元方法，计算时用到的人体模型如图 2-34 所示，人体模型尺寸见表 2-14。

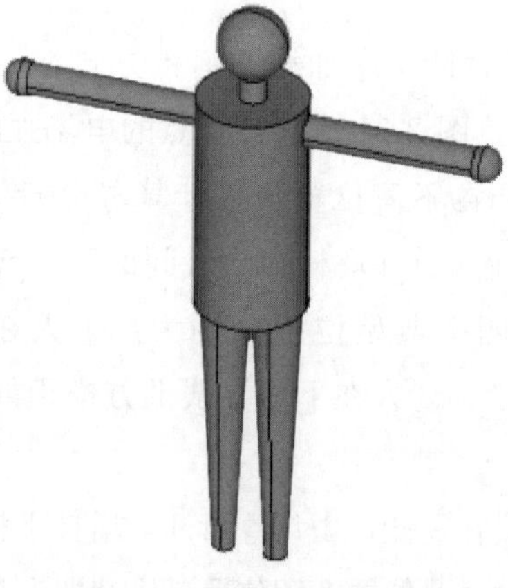

图 2-34　人体模型示意图

表 2-14 **人体模型尺寸**

人体部位	仿真所用几何体	尺寸（cm）
腿部	圆柱体	高度 80，半径 10
躯干	圆柱体	高度 65，半径 16
颈部	圆柱体	高度 7，半径 8
头部	球体	半径 10

由于人体结构相对于杆塔来说很小，想要一次性求解并得到较理想的结果，则对计算机的硬件要求特别高，故采用子域法建立子模型对关键区域进行精细控制以得到较好的计算结果，以减轻计算对计算机硬件设备的依赖。人体剖分时所用网格多达 30 万个，消耗大量内存，减慢计算速度；故将人体作为导体不予剖分，仅剖分人体外表面（节点达 3 万个），大大节省了计算量。

1. 位置 1（人在上相导线上方横担处）

计算选取人体位于塔杆左侧上相横担处工况为计算条件，按照逆时针顺序正序加载 35kV 交流系统线路。位置 1 中人与塔杆相对位置如图 2-35 所示。

仿真计算作业人员在位置 1 中人体表面不同部位的电场强度如图 2-36 所示，位置 1 中人体表面不同部位电场强度值见表 2-15。

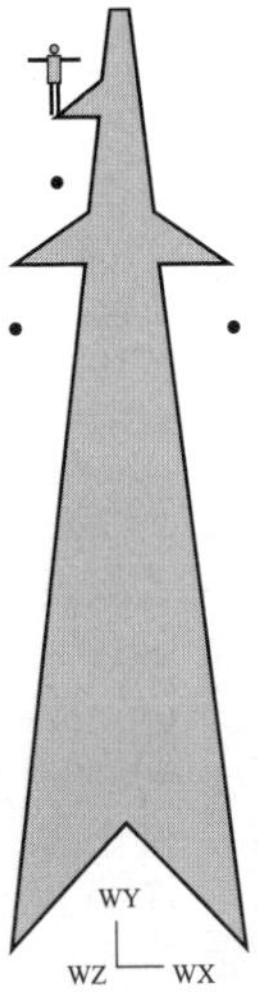

图 2-35 位置 1 中人与塔杆相对位置示意图

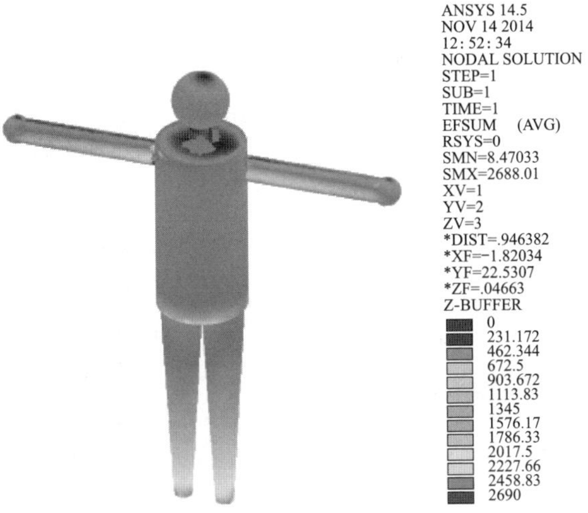

图 2-36 位置 1 中人体表面不同部位的电场强度仿真

表 2-15　　位置 1 中人体表面不同部位电场强度值　　(kV/m)

部位	电场强度（最大值）
头部	1.245
躯干	1.576
手部（靠近塔杆）	2.227
手部（远离塔杆）	2.017
腿部	2.688

由计算结果可知：由于人距离导线较远，表面场强不大，人体最靠近导线的脚部场强最大，人体远离导线的躯干和头部场强相对较小。人的颈部由于胸部和头部的屏蔽作用，场强也较小。

2. 位置 2（人在上相导线等电位处）

计算选取人体位于杆塔上相等电位工况为计算条件，按照逆时针顺序正序加载 35kV 交流系统线路。位置 2 中人与塔杆相对位置如图 2-37 所示。

仿真计算作业人员在位置 2 中人体表面不同部位电场强度如图 2-38 所示，位置 2 中人体表面不同部位电场强度值见表 2-16。

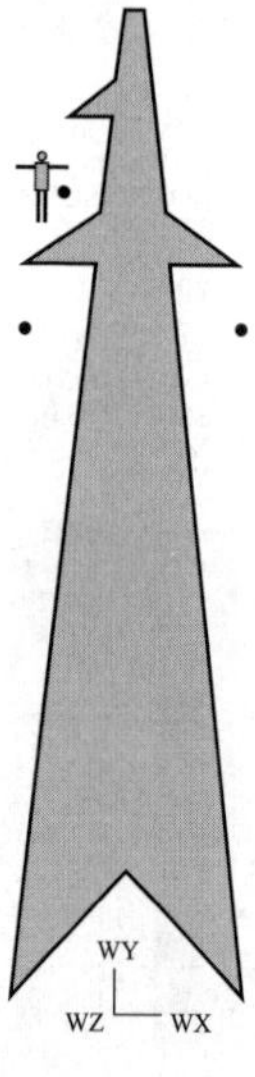

图 2-37　位置 2 中人与塔杆相对位置示意图

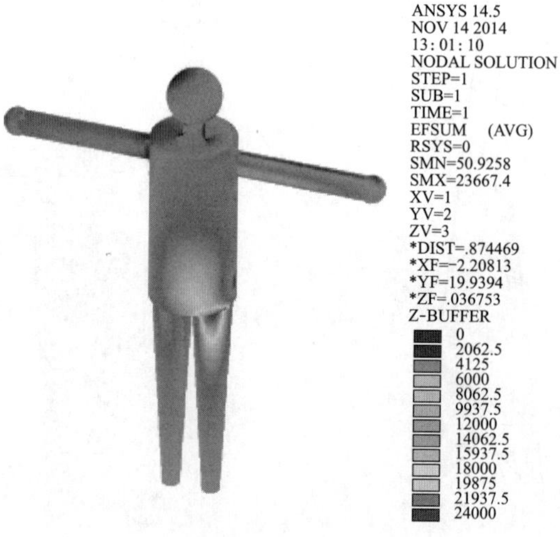

图 2-38　位置 2 中人体表面不同部位电场强度仿真

表 2-16　　　　　位置 2 中人体表面不同部位电场强度值　　　　　(kV/m)

人体部位	电场强度（最大值）
头部	7.762
躯干	22.734
手部（靠近塔杆）	16.738
手部（远离塔杆）	8.062
腿部	23.667

由计算结果可知：人体靠近导线的躯干下部场强最大，人体靠近导线的躯干上部分及头部场强相对较小。

3. 位置 3（人在下相导线上方横担处）

计算选取人体位于左侧下相导线上方横担处工况为计算条件，按照逆时针顺序正序加载 35kV 交流系统线路。位置 3 中人与塔杆相对位置如图 2-39 所示。

仿真计算作业人员在位置 3 中人体表面不同部位电场强度如图 2-40 所示，位置 3 中人体表面不同部位电场强度值见表 2-17。

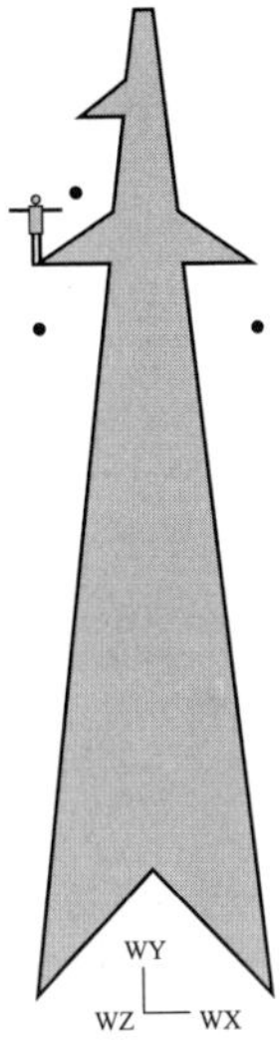

图 2-39　位置 3 中人与塔杆相对位置示意图

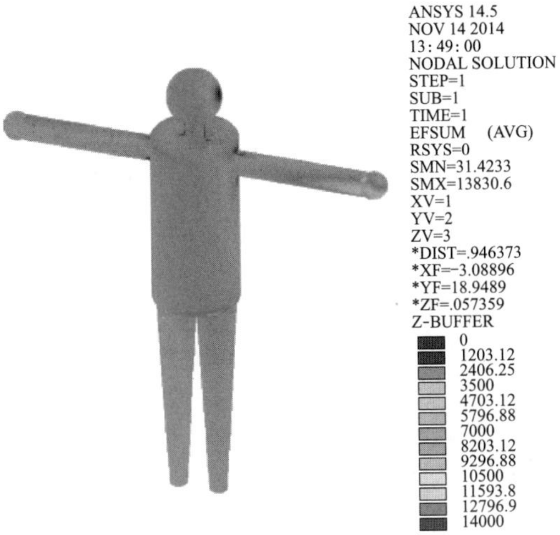

图 2-40　位置 3 中人体表面不同部位电场强度仿真

表 2-17　　位置 3 中人体表面不同部位电场强度值　　(kV/m)

人体部位	电场强度（最大值）
头部	6.874
躯干	13.83
手部（靠近塔杆）	11.581
手部（远离塔杆）	6.793
腿部	4.815

由计算结果可知：人体靠近上相导线的手部场强最大，人体躯干远离导线处及脚部场强相对较小。

4. 位置 4（人在下相导线等电位处）

计算选取人体位于左侧下相导线等电位处工况为计算条件，按照逆时针顺序正序加载 35kV 交流系统线路。位置 4 中人与塔杆相对位置如图 2-41 所示。

仿真计算作业人员在位置 4 中人体表面不同部位电场强度如图 2-42 所示，位置 4 中人体表面不同部位电场强度值见表 2-18。

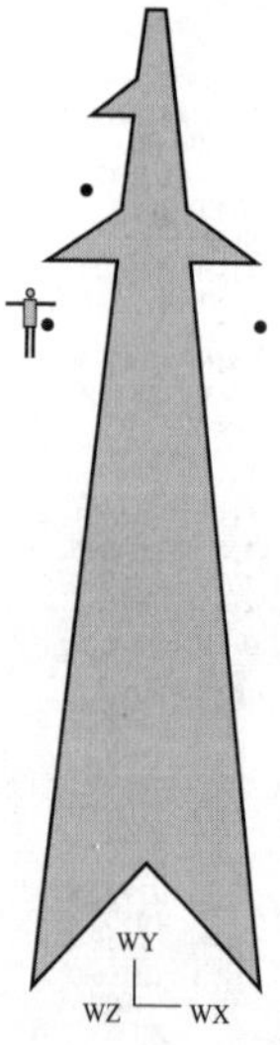

图 2-41　位置 4 中人与塔杆相对位置示意图

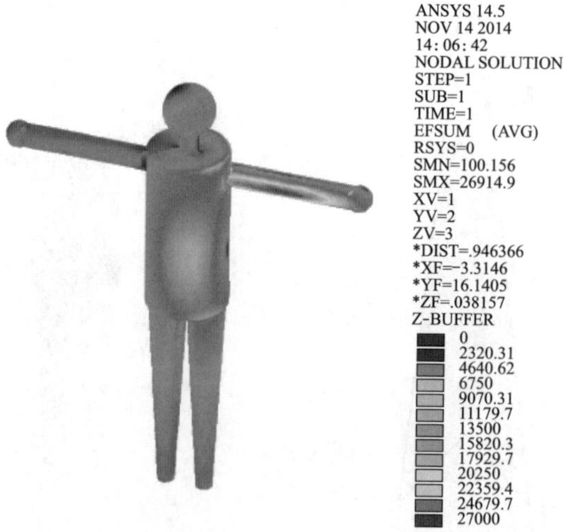

图 2-42　位置 4 人体表面不同部位电场强度仿真

表 2-18　　位置 4 中人体表面不同部位电场强度值　　(kV/m)

人体部位	电场强度（最大值）
头部	8.364
躯干	10.862
手部（靠近塔杆）	26.914
手部（远离塔杆）	9.371
腿部	16.485

由计算结果可知：靠近导线的手臂处场强最大，人体躯干和头部离导线距离较远处场强相对较小。

2.2.2　双回线路杆塔电场计算分析

测量点根据杆塔结构、输电线位置以及空间电场分布的基本规律来进行选取。首先在地面选取若干典型的地电位测试点；当作业人员攀登到离开地面一定高度时再选取塔身地电位测试点；考虑到绝缘子串支撑处经常是带电作业人员在塔上的工作位置，选择绝缘子串支撑点处为测量点；还考虑带电作业人员其他途经位置和带电作业位置，选取电场测量点。在计算中，按照带电作业工作人员登塔作业的实际情况，选取电场强度的计算点。双回线路杆塔电场强度计算点位置如图 2-43 所示，各计算点的位置说明列于表 2-19 中。

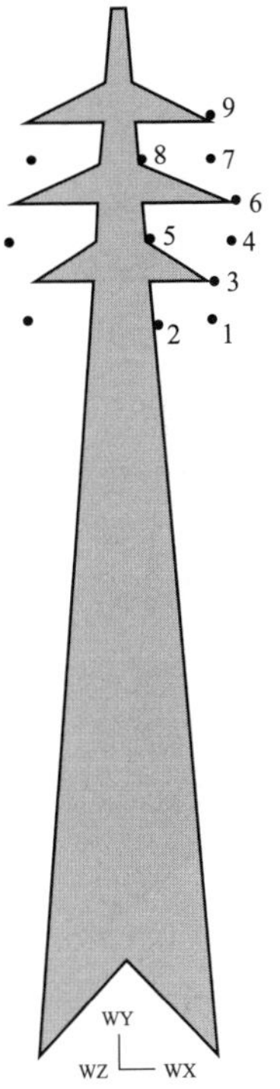

图 2-43　双回线路杆塔电场强度计算点位置示意图

35kV 双回线路模型图及相序排列方式如图 2-44 所示。绝缘子为绝缘材料，对输电线路及人体表面的电场分布影响很小，可以忽略。

表 2-19　　电场强度计算点说明

计算点	说明
1	35kV 下相右侧导线圆周
2	铁塔表面（与 5kV 下相右侧导线等高）
3	35kV 下相右侧导线上方横担处
4	35kV 中相右侧导线圆周

续表

计算点	说明
5	铁塔表面（与 35kV 中相右侧导线等高）
6	35kV 中相右侧导线上方横担处
7	35kV 上相右侧导线圆周
8	铁塔表面（与 35kV 上相右侧导线等高）
9	35kV 上相右侧导线上方横担处

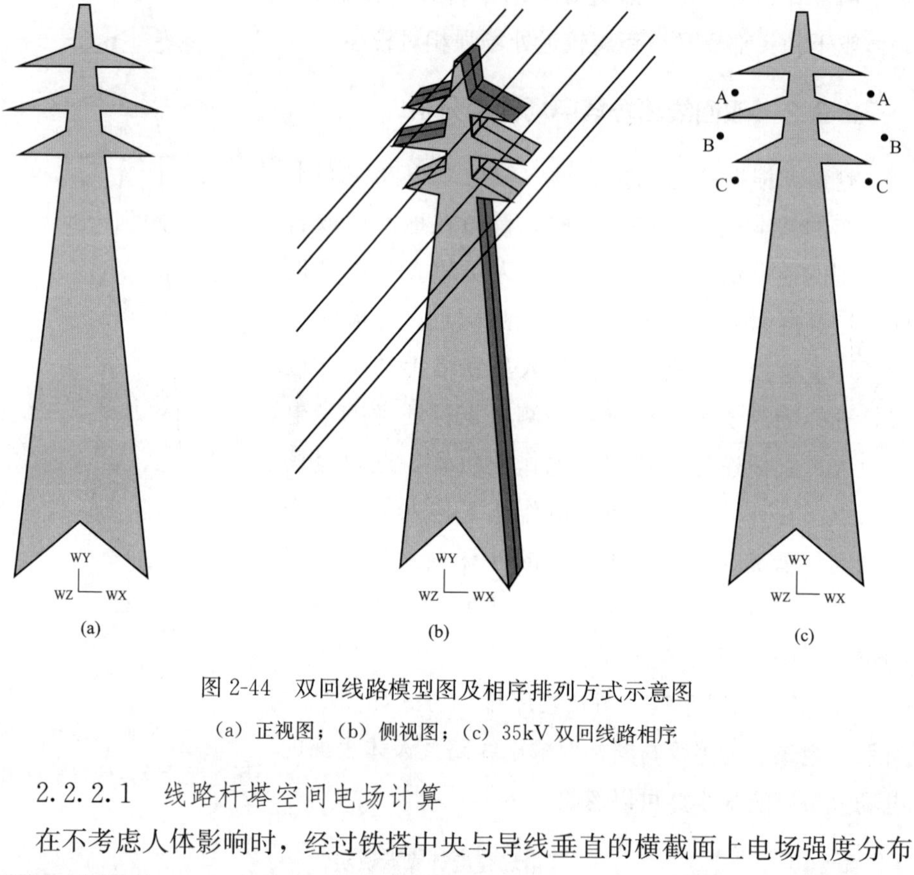

图 2-44　双回线路模型图及相序排列方式示意图

（a）正视图；（b）侧视图；（c）35kV 双回线路相序

2.2.2.1　线路杆塔空间电场计算

在不考虑人体影响时，经过铁塔中央与导线垂直的横截面上电场强度分布如图 2-45 所示。

在 35kV 双回线路由上到下正序加载运行方式下，图 2-43 中各计算点的电场强度计算值见表 2-20。

2.2.2.2　作业人员在不同位置场强计算与分析

根据带电作业时作业人员在塔杆和导线间的四个典型位置，选取测量点进行测量。双回线路作业四个典型位置分别为：①人在下相导线上方横担处；②人在下相导线等电位处；③人在中相导线上方横担处；④人在中相导线等电位处。

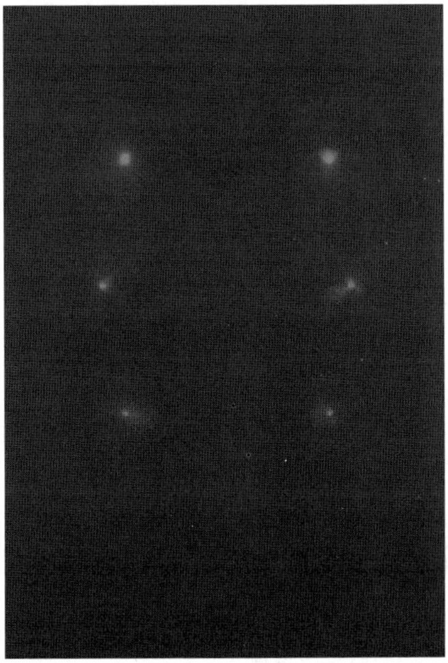

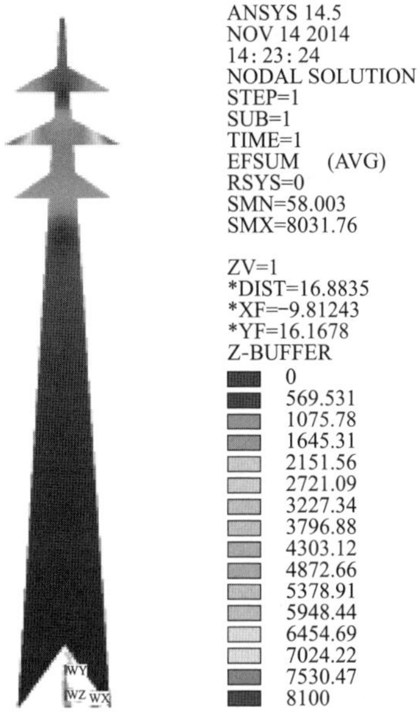

(a)　　(b)

图 2-45　35kV 双回线路导线截面和塔杆电场强度分布图

（a）导线截面电场强度分布；（b）塔杆电场强度分布

表 2-20　　各计算点的电场强度计算值　　（kV/m）

计算点	1	2	3	4	5	6	7	8	9
电场强度	237.843	1.014	2.683	281.591	4.575	8.031	370.584	2.744	2.568

计算采用有限元方法，用到的人体模型详见 2.2.1.2 条。

1. 位置 5（人在下相导线上方横担处）

计算选取人体位于塔杆左侧下相横担处，按照由上到下正序加载 35kV 交流系统线路，注意左右对称。位置 5 中人与塔杆相对位置如图 2-46 所示。

仿真计算作业人员在位置 5 中人体表面不同部位的电场强度如图 2-47 所示，位置 5 中人体表面不同部位的电场强度值见表 2-21。

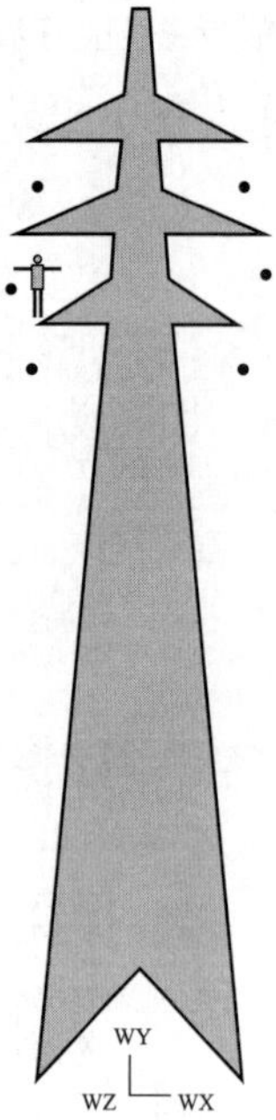

图 2-46　位置 5 中人与塔杆相对位置示意图

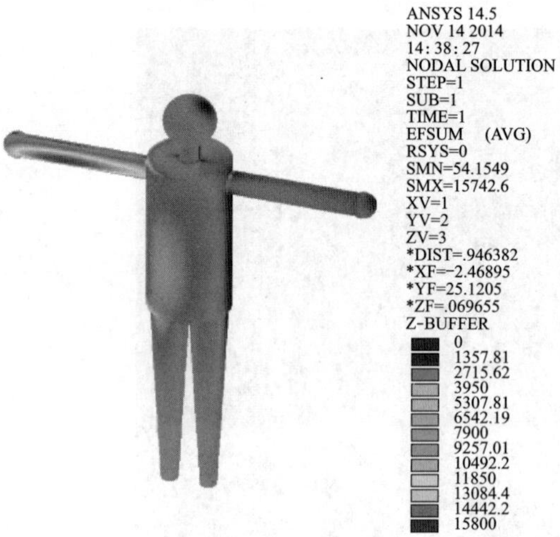

图 2-47　位置 5 中人体表面不同部位的电场强度仿真

表 2-21　位置 5 中人体表面不同部位电场强度值　(kV/m)

部位	电场强度（最大值）
头部	5.241
躯干	13.042
手部（靠近塔杆）	5.278
手部（远离塔杆）	15.742
腿部	12.184

由计算结果可知：靠近导线手臂处场强最大，人体躯干离导线距离较远处场强相对较小。

2. 位置 6（人在下相导线等电位处）

计算选取人体位于塔杆右侧下相横担处，按照由上到下正序加载 35kV 交流系统线路，注意左右对称位置 6。人与塔杆相对位置如图 2-48 所示。

仿真计算作业人员在位置 6 中人体表面不同部位的电场强度如图 2-49 所示，位置 6 中人体表面不同部位的电场强度值见表 2-22。

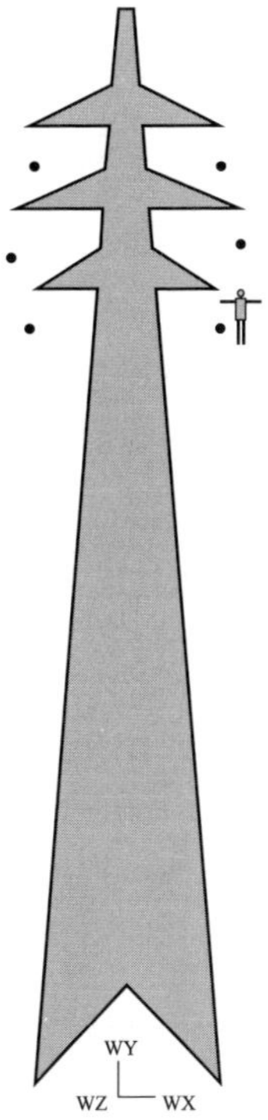

图 2-48　位置 6 中人与塔杆相对位置示意图

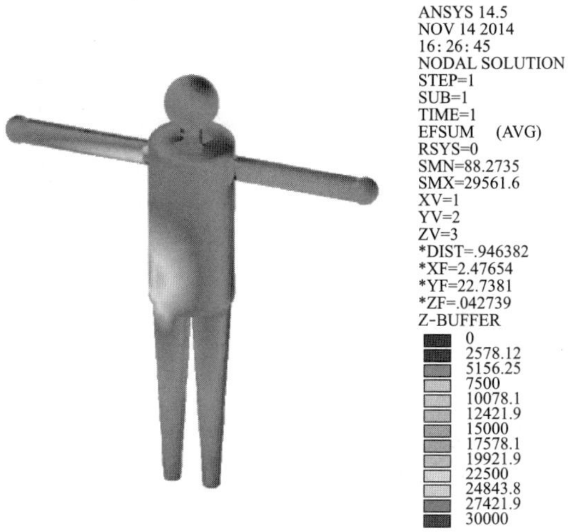

图 2-49　位置 6 中人体表面不同部位的电场强度仿真

表 2-22　　位置 6 中人体表面不同部位电场强度值　　(kV/m)

部位	电场强度（最大值）
头部	10.057
躯干	29.561
手部（靠近塔杆）	24.843
手部（远离塔杆）	9.735
腿部	22.468

由计算结果可知：场强最大处出现在靠近导线手臂处，双腿处场强相对较小。

3. 位置 7（人在中相导线上方横担处）

计算选取人体位于塔杆左侧中相导线上方横担处，按照由上到下正序加载 35kV 交流系统线路，注意左右对称。位置 7 中人与塔杆相对位置如图 2-50 所示。

仿真计算作业人员在位置 7 中人体表面不同部位的电场强度如图 2-51 所示，位置 7 中人体表面不同部位的电场强度值见表 2-23。

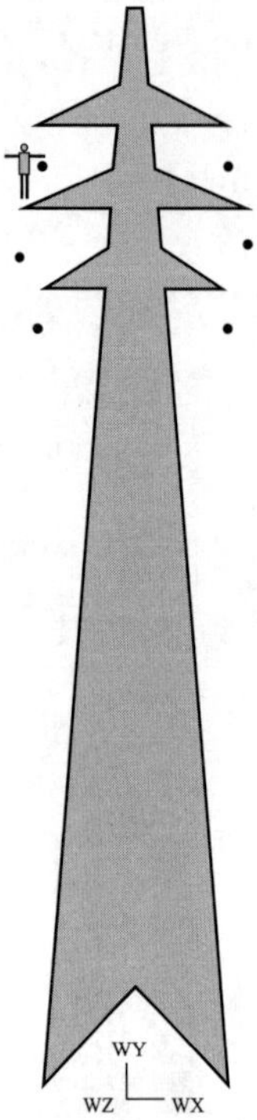

图 2-50　位置 7 中人与塔杆相对位置示意图

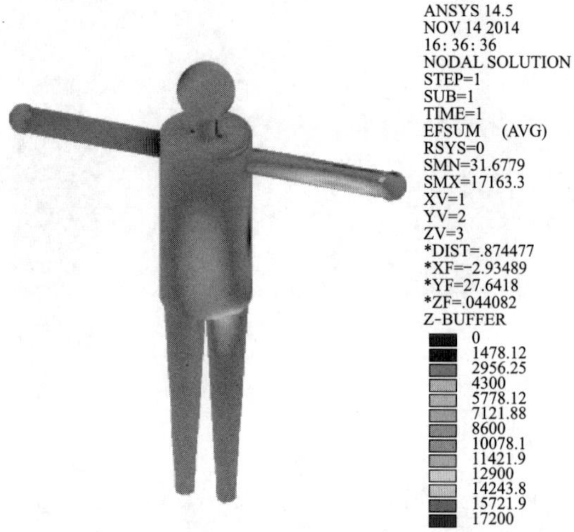

图 2-51　位置 7 中人体表面不同部位的电场强度仿真

表 2-23　　位置 7 中人体表面不同部位电场强度值　　(kV/m)

部位	电场强度（最大值）
头部	5.621
躯干	16.632
手部（靠近塔杆）	17.163
手部（远离塔杆）	4.329
腿部	13.243

由计算结果可知：靠近导线手臂及躯干下部场强最大，远离导线的手臂及头部场强相对较小。

4. 位置 8（人在中相导线等电位处）

计算选取人体位于塔杆右侧中相导线等电位处，按照由上到下正序加载 35kV 交流系统线路，注意左右对称。位置 8 中人与塔杆相对位置如图 2-52 所示。

仿真计算作业人员在位置 8 中人体表面不同部位的电场强度如图 2-53 所示，位置 8 中人体表面不同部位的电场强度值见表 2-24。

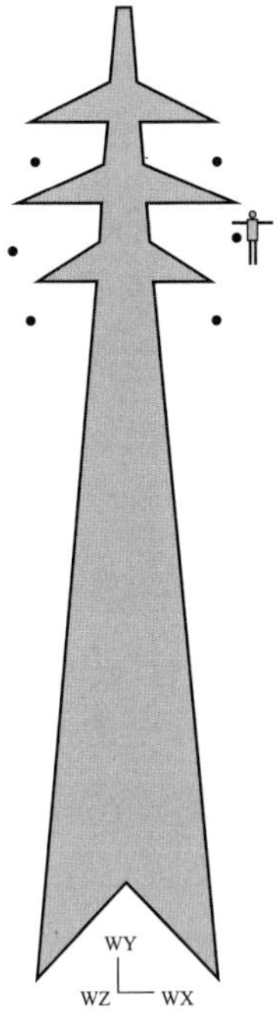

图 2-52　位置 8 中人与塔杆相对位置示意图

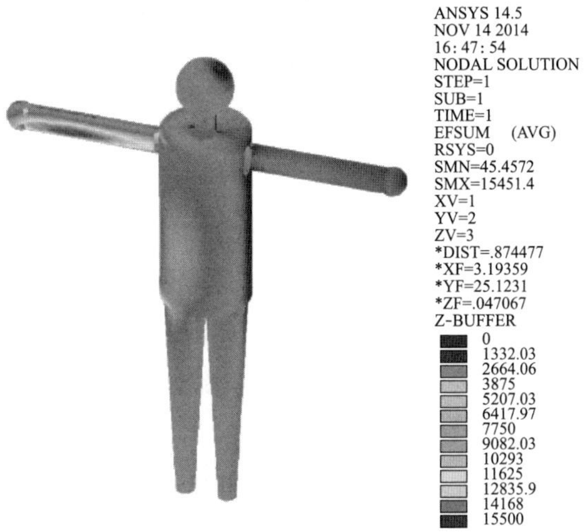

图 2-53　位置 8 中人体表面不同部位的电场强度仿真

表 2-24　　位置 8 中人体表面不同部位电场强度值　　(kV/m)

部位	电场强度（最大值）
头部	4.955
躯干	15.749
手部（靠近塔杆）	15.451
手部（远离塔杆）	2.585
腿部	11.013

由计算结果可知：靠近导线手臂处场强最大，远离导线的躯干和四肢场强相对较小。

2.2.3　电场特点与防护措施

综合考虑以上计算分析可知，在 35kV 交流输电线路上带电作业时，电场强度具有以下特点：

（1）导线表面的电场强度最大，随着工作点和导线之间距离的增加，电场强度快速衰减。

（2）铁塔表面与上相导线等高处、绝缘子串与导线悬挂点上方和导线下方等处距离导线较近，具有较大的电场强度。对于双回线路，中相导线附近电场较大。

（3）作业人员在登塔过程中，随着攀登高度的增加，与带电体的距离逐渐减小，人体表面场强逐渐增高。在单回线路直线塔上作业时会在左侧下相横担位置达到最大值；而在双回线路上作业时，人体表面场强在中相横担处达到最大值，随着作业人员继续向上攀爬，场强会逐渐减少。

（4）人体表面总的场强值大小大致与人和塔杆表面电场强度最强点的距离成反比，距离越近，场强越大。人体表面场强的具体分布与离人体距离最近的导线直接相关：距离导线最近的躯干或手臂处场强最大，远离导线的躯干场强迅速减小；人的颈部、手腕等部分由于受到头部、拳头的屏蔽作用，场强较小。

（5）根据《带电作业用屏蔽服装》（GB/T 6568—2008）的规定，在未穿屏蔽服时人体表面的电场强度应小于 240kV/m。作业人员在 35kV 单回和双回线路直线杆上按照四种典型工况进行作业时，作业人员在作业位置处体表的电场强度均在限值以内，满足标准要求，不用穿戴带电作业屏蔽服装。

2.3 35kV 绝缘遮蔽用具效能分析

带电作业用绝缘遮蔽用具作为配电网带电作业中的辅助绝缘防护用具，为作业人员提供了第二重防护措施，避免作业人员因偶然接触不同电位的物体而发生触电事故。绝缘杆作业法中，作业人员距离带电设备较远，且作业过程中可以一直保持足够的安全距离，因此其对绝缘遮蔽的要求与传统绝缘手套法有所不同。

《配电线路带电作业技术导则》（GB/T 18857—2019）中要求：对带电体设置绝缘遮蔽时，按照从近到远的原则，从离身体最近的带电体依次设置；对上下多回分布的带电导线设置遮蔽用具时，应按照从下到上的原则，从下层导线开始依次向上层设置；对导线、绝缘子、横担的设置次序是按照从带电体到接地体的原则，先放导线遮蔽罩，再放绝缘子遮蔽罩，然后对横担进行遮蔽；遮蔽用具之间的接合处应大于 30cm 重叠部分；如果重合部分长度无法满足要求，应使用其他遮蔽用具遮蔽接合处，使其重合部分大于 30cm，以强化此处的绝缘遮蔽。

2.3.1 绝缘遮蔽用具的分类

2.3.1.1 按材质和用途分类

绝缘遮蔽用具按材质和用途分为绝缘遮蔽罩和绝缘毯两大类。

1. 绝缘遮蔽罩

绝缘遮蔽罩是由绝缘材料制成的遮蔽罩，起遮蔽或隔离的保护作用，防止作业人员与带电体发生直接碰触，其尺寸和形状应和被遮蔽对象相配合。它一般由环氧树脂材料、塑料材料、橡胶材料、聚合材料等制成，按照用途可以分为以下几种类型：导线遮蔽罩；针式绝缘子遮蔽罩；耐张装置遮蔽罩；悬垂装置遮蔽罩；线夹遮蔽罩；棒型绝缘子遮蔽罩；电杆遮蔽罩；横担遮蔽罩；套管遮蔽罩；跌落式开关遮蔽罩；其他遮蔽罩，可根据被遮物体专门设计。

2. 绝缘毯

绝缘毯与绝缘遮蔽罩的功能类似，由于其材质为柔软橡胶或树脂类，整体为矩形毯状，可以包裹在多种类型的设备上，适用范围广。其对操作人员的技能水平要求较高。绝缘毯的基本形状如图 2-54 所示。

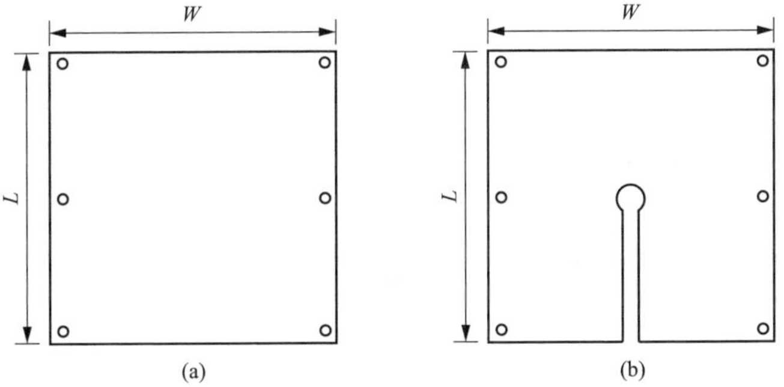

图 2-54 绝缘毯的基本形状示意图

(a) 平展式；(b) 开槽式

2.3.1.2 按电气性能分类

绝缘遮蔽用具按电气性能分为 0、1、2、3、4 五级，绝缘遮蔽用具适用交流电压等级见表 2-25。

表 2-25　绝缘遮蔽用具适用交流电压等级　(V)

级别	适用交流电压等级
0	380
1	3000
2	10000（6000）
3	20000
4	35000

2.3.2 绝缘遮蔽用具的基本性能试验

2.3.2.1 绝缘遮蔽罩的基本性能试验

绝缘遮蔽罩的尺寸和形状应和被遮蔽的对象配合。对于以多个绝缘遮蔽罩组成的绝缘遮蔽系统，每个绝缘遮蔽罩应便于相互组装、相互连接，在其保护区域内应不出现间隙。绝缘遮蔽罩上应有一个操作定位装置，以便可以使用合适的工具来安装和拆卸绝缘遮蔽罩。为保证绝缘遮蔽罩不会由于风吹、导线移动等原因而从它所遮蔽的部分脱落下来，应在绝缘遮蔽罩上安装一个或几个锁定装置；闭锁部件应便于闭锁或开启，闭锁部件的闭锁和开启应能用绝缘杆来操作。

1. 机械试验

绝缘遮蔽罩的机械试验为低温条件下的试验。试验前，对于不同类型的绝缘遮蔽罩，按以下环境条件在人工气候室中进行预处理。

(1) 普通型 A、H 和 P 类绝缘遮蔽罩环境条件：温度−25℃，相对湿度小于 20%，时间 4h。

(2) C 类绝缘遮蔽罩环境条件：温度−40℃，相对湿度小于 20%，时间 4h。

(3) W 类绝缘遮蔽罩环境条件：温度−10℃，相对湿度小于 20%，时间 4h。

将绝缘遮蔽罩移出人工气候室，在 2min 内对其进行机械试验。如果在

2min 内不能完成试验，应将绝缘遮蔽罩移入人工气候室中再放置 2h，然后取出在 2min 内完成试验，重复以上程序直至完成机械试验。机械试验为沿着绝缘遮蔽罩的顶部和两侧面每隔 100mm 处施加一次能量为 20J 的冲击力。受到冲击力作用后，绝缘遮蔽罩的凹痕直径不应大于 5mm，冲击处应无裂痕或明显损伤，否则该绝缘遮蔽罩不合格。

2. 模拟装配试验

试验包括模拟使用状态装配操作。试验应在试品自人工气候室取出后 2min 内进行。

（1）第一阶段环境条件：温度 55℃，相对湿度 93%，时间 4h（对普通型绝缘遮蔽罩及 A、H、C、W、P 类绝缘遮蔽罩）。

（2）第二阶段环境条件：温度 70℃，相对湿度小于 20%，时间 4h（仅对 W 类绝缘遮蔽罩，其余类型绝缘遮蔽罩不需要经过第二阶段环境条件）。

（3）第三阶段环境条件：温度－25℃（对普通型及 A、H、P 类绝缘遮蔽罩）、－40℃（对 C 类绝缘遮蔽罩）或－10℃（对 W 类绝缘遮蔽罩），相对湿度小于 20%，时间 4h。

试品自人工气候室取出后，观察其变形情况，然后进行装配试验。装配操作应在与配试绝缘遮蔽罩相对应的模拟设备（模拟导线、针式绝缘子、电杆等）上进行，根据其设计，将同一绝缘遮蔽组合的绝缘遮蔽罩装配在一起。

按照要求进行装配和拆除后，若自身和模拟设备都没有任何损伤，则试验通过。

3. 电气试验

（1）材料的工频耐压和泄漏电流试验。从绝缘遮蔽罩平坦的部分截取长 300mm、宽 77mm 的三个试样。允许试样有轻度的弯曲，但弯曲高度相对于平展平面不应超过 40mm。试验之前，应用乙醇清洗各个试样，然后在室温下干燥 15min。材料的工频耐压和泄漏电流试验包括受潮前试验和受潮后试验。

1）受潮前工频耐压和泄漏电流试验。测量装置与高压电极间的距离不应小于 2m。要对测量引线、保护间隙等进行屏蔽接地。将试样固定在高度为 1m 左右的绝缘平台上，在两电极间施加有效值为 100kV 的工频试验电压，电压持续时间为 1min，并记录试验中的最大泄漏电流。如果试样长度不足 300mm 时，可取实际长度作为试样长度，试验电压按下式确定：

$$U=\frac{L}{L_0}U_0 \tag{2-12}$$

式中 U_0——标准工频试验电压，$U_0=100\text{kV}$；

L_0——标准试样长度，$L_0=300\text{mm}$；

U——试验电压的有效值，kV；

L——试样实际长度，mm。

试验中，三个试样均应不出现闪络或击穿。试验后，试样各部分应无灼伤和发热现象，且泄漏电流 $I_1\leqslant 25\mu\text{A}$。

2）受潮后工频耐压和泄漏电流试验。将试样放入人工气候室中进行预处理：温度 23℃，相对湿度 93%，时间 168h。然后将试样从人工气候室中取出，按受潮前工频耐压和泄漏电流试验同样的试验方法，测量泄漏电流。试验中，三个试样均应不出现闪络或击穿。试验后，试样各部分应无灼伤和发热现象，且泄漏电流 $I_2\leqslant 2I_1$。

（2）绝缘遮蔽罩交流耐压认证试验。试验前，将绝缘遮蔽罩在水中预置（16±0.5）h，取出后用干净的软抹布擦干表面，晾干后 20min 再进行试验，且试验应在 20min 内完成。试验分为 A 和 B 两项。验证试验 A：试验电压值从 0 开始，并以 1000V/s 的速率增长到表 2-26 规定值，电压持续时间为 3min。如试验中无闪络、击穿和明显发热，则试验通过。验证试验 B：将验证试验 A 中的电压持续以 1000V/s 的速率增加至表 2-26 规定值，如果无闪络和击穿，则试验通过。在试验电压到达规定值后，应迅速将电压值降为规定值的 1/2 以下，然后关闭电源。

表 2-26　　试验电压 U_A 和 U_B　　（kV）

级别	试验电压 U_A	试验电压 U_B
0	5	10
1	10	15
2	20	30
3	30	40
4	40	50

2.3.2.2　绝缘毯的基本性能试验

绝缘毯应为绝缘的橡胶类、塑胶类或其他绝缘材料，采用无缝工艺制成。

绝缘毯上的孔眼必须用非金属材料加固边缘，直径宜为 8mm。橡胶类材料为经过微弱压力反复变形后能够快速恢复其初始尺寸和形状的高分子材料，包括天然和人造橡胶、乳胶和橡胶聚合物，以及热可塑性橡胶。塑胶类材料为含有高聚合物成分，并可通过注射、压制等流动成型方式制成物品的材料。

1. 机械试验

（1）拉伸强度和拉断伸长率。从绝缘毯的四个角分别切割下四个哑铃型测试块，其中两个测试块在绝缘毯的长边切割，另两个从短边切割。哑铃型测试块的外形尺寸如图 2-55 所示。在哑铃型的窄处量出长度为 20mm 的间距（L_0），并在两边标上印记线，用拉力机进行测试，以（500±50）mm/min 的速度进行拉伸。抗拉强度定义为拉断所需力除以测试块处试验前的截面积。四个测试块平均抗拉强度应不小于 12MPa，最低抗拉强度应不低于平均抗拉强度的 90%。

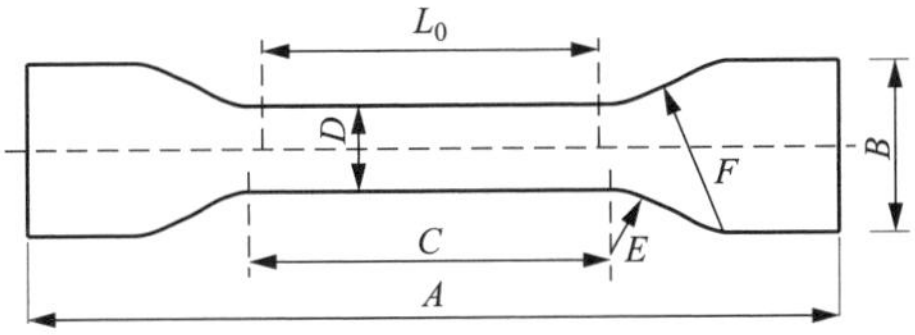

尺寸符号	尺寸(mm)
C	25±1
D	4±0.1
B	12.5±1.0
A	75
L_0	20
E	8±0.5
F	12.5±1

图 2-55 哑铃型测试块外形尺寸示意图

拉断伸长率 S 定义为拉断时两印记线之间的距离 L 与 L_0 之差除以 L_0 的百分比，即：

$$S = \frac{L - L_0}{L} \times 100\% \tag{2-13}$$

式中 L_0——拉伸前两印记线之间的距离，mm；

L——拉断时两印记线之间的距离，mm。

四个测试块的平均拉断伸长率，对于橡胶类试品应不小于 300%，对于塑胶类试品应不小于 150%。

（2）抗机械刺穿试验。从被试绝缘毯上切取两个直径为 50mm 的圆形试品，将每个试品紧夹在两个直径为 50mm 的圆板之间，顶板开有直径为 6mm 的孔，底板开有直径为 25mm 的孔，两孔边缘倒角为半径 0.8mm 的圆弧。抗机械刺穿试验如图 2-56 所示。

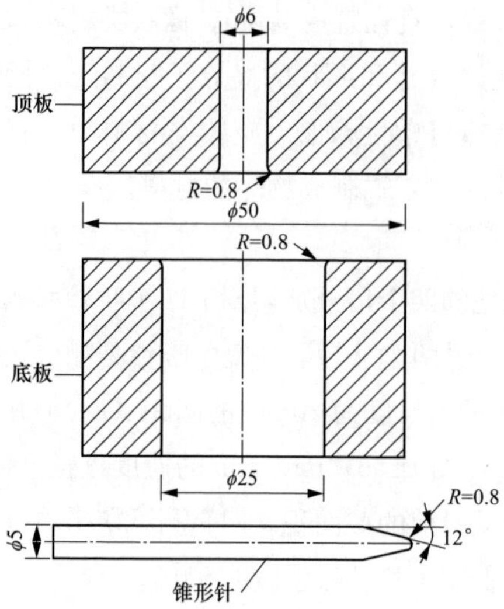

图 2-56　抗机械刺穿试验示意图

将一根直径为 5mm 的金属棒加工成一端锥度为 12°、顶端半径为 0.8mm 的锥形针。将锥形针垂直置于试品上方，以（500±50）mm/min 的速度向试品加力，测量出穿透试品所需的刺穿力，抗机械刺穿强度等于刺穿力除以试品厚度。对于 0 级绝缘毯，要求抗刺穿力不小于 30N；对于其他级别的绝缘毯，要求抗刺穿力不小于 45N。

（3）拉伸永久变形试验。该项试验仅适用于采用橡胶类材料制成的绝缘毯。

从被试绝缘毯上切取哑铃型试品三件，外形尺寸如图 2-55 所示。将试件固定在应变仪的夹架上，使一端固定，另一端可随夹架在导轨上移动。

拉伸变形的基准长度 L_0 的测量误差应在 0.1mm 之内。将试品装在夹架上后，以 2～20mm/s 的速度拉伸试品，使其伸长率达（200±10）%，并保持 10min，此时长度为 L_s；然后以 2～10mm/s 的速度将试品放松，取下试品置于平面上，经过 10min 的形变恢复时间；再测量两基准线之间的距离 L_1。拉伸永久变形 S 按下式计算：

$$S=\frac{L_1-L_0}{L_s-L_0}\times 100\% \tag{2-14}$$

式中　L_0——拉伸变形前的基准长度，mm；

L_s——拉伸变形后的长度，mm；

L_1——恢复后的基准长度，mm。

拉伸永久变形应不超过 15%。

（4）抗撕裂试验。该项试验仅适用于采用塑胶类材料制成的绝缘毯。

从被试绝缘毯上截取如图 2-57 所示的四个矩形试品。两件从绝缘毯的长边截取，另两件从短边截取，并置于温度为（23±2）℃、相对湿度为（50±5）% 的环境中 24h。

如图2-57所示，在试品的中间剪一个（25±0.5）mm长的口子（缝隙线），再在虚线所示位置用软铅笔划上标记线，标记线的角度误差应在±1°之内。

采用拉力试验机进行试验，拉力机的夹具宽度应大于试品宽度，夹具沿图2-57所示的标记线平齐夹紧，以防滑脱。

拉力试验机以（100±10）mm/min的速度进行拉伸，记录抗撕裂强度随时间的变化情况，拉伸直至试品分离为止。取每件试品记录的拉力最大值并计算4件的平均值，拉力平均值应不小于30N。

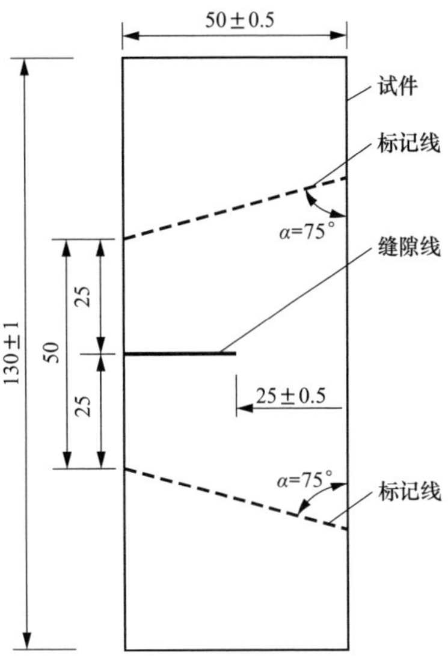

图2-57 抗撕裂试验矩形试品示意图

2. 电气试验

（1）认证试验。将厚度3～5mm、中空762mm×762mm、边长1270mm×1270mm的耐热型有机玻璃板置放在接地金属板上，将导电橡胶或潮湿的海绵置放入玻璃板的中空部分，再把被试绝缘毯置放其上，试验电压施加在绝缘毯上部一个厚度约5mm、边长762mm×762mm、具有光滑边缘的矩形金属极板上，试验布置如图2-58所示。试验电压从较低数值开始上升，并以1000V/s的速度逐渐升压，直至达到表2-27规定的试验电压或绝缘毯发生击穿。试验时间从达到规定的试验电压的时刻开始计算。对于型式试验和抽样试验，电压持续时间为3min；对于例行试验，电压持续时间为1min。如试样无闪络、击穿和明显发热，则试验通过。

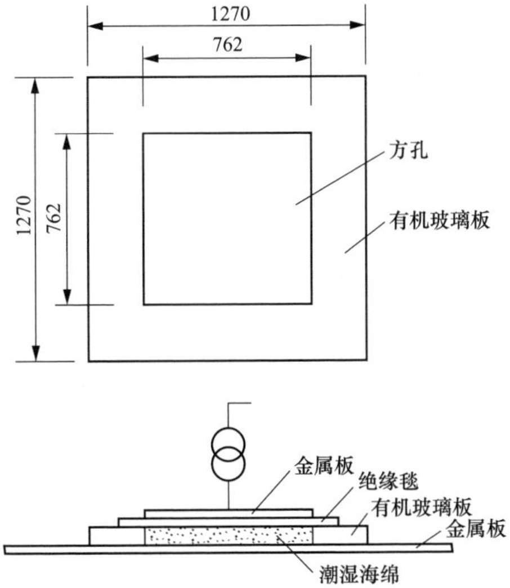

图2-58 使用认证试验电极进行绝缘毯认证试验布置示意图

表 2-27　　　　试　验　电　压　　　　(kV)

级别	交流电压（有效值）	
	认证试验电压	耐受电压
0	5	10
1	10	20
2	20	30
3	30	40
4	40	50

（2）交流耐压试验。耐压试验的电极由两个金属圆柱组成，圆柱边缘的曲率半径为 3mm。其中一个电极的高度应为 25mm，直径为 25mm；另一个电极高度应为 15mm，直径为 75mm。交流耐压试验布置如图 2-59 所示，两个电极同轴布置。需从绝缘毯上切取五个 150mm×150mm 的试验样品。

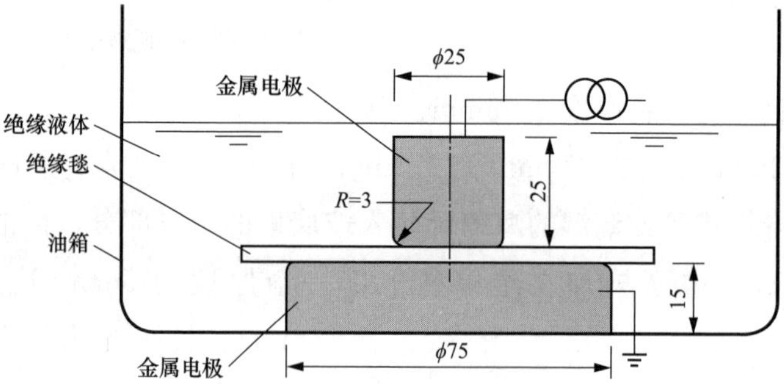

图 2-59　交流耐压试验布置示意图

把试品固定在如图 2-59 所示的金属电极之间，并且把整个装置浸泡在液体油中（如变压器绝缘油），试品不应触及油箱壁。对每个试品仅施加一次电压，试验电压从较低数值开始上升，以 1000V/s 的速率逐渐升压，升压到表 2-27 规定的试验电压值。试验时间从达到规定的试验电压的时刻开始计算。

对于型式试验和抽样试验，电压持续时间为 3min，如果无击穿发生，则试验通过。

2.3.3　绝缘遮蔽用具的放电机理

在使用过程中，绝缘遮蔽用具主要的绝缘防护功能是从层向和沿面两个方向对人员和设备进行保护：层向防护主要依靠绝缘遮蔽罩将人员与带电设备进行隔离，阻断电流路径；沿面防护主要依靠绝缘遮蔽用具的沿面放电性能，避免电流通过遮蔽用具的表面流通至人体。沿面放电性能与绝缘材料、电极形式、遮蔽用具结构和使用情况的关系较为密切，目前的标准体系中对此尚无明确结论；因此，需要研究其沿面闪络特性，为绝缘遮蔽罩的优化使用提供理论基础。

目前，学术界已经对固体绝缘沿面闪络现象的认识有了一些共识。一般而言，可以把闪络过程分为以下三个阶段。

（1）起始阶段：初始电子的形成。

（2）发展形成阶段：电子倍增过程。

（3）闪络击穿阶段：形成贯穿性导电通道。

对于起始阶段，学者们观点一致，即阴极三结合点（绝缘-电极-真空）是电子（场致发射或热电子）发射之源。电极表面存在微观凸起以及绝缘体与电极间形成的微小间隙，其中，电极表面微观凸起引起电场畸变导致场增强的效果更为突出。基于理查森-肖特基（Richardson Schottky）效应和符勒-朗德亥姆（Fowler Nordheim）效应，阴极三结合点处发射出初始电子，阴极表面场强的微小变化会引起电子发射电流密度的巨大变化。

对于闪络的第二个阶段，却有各种不同的观点，目前描述闪络机理的常用模型有 SEEA（secondary electron emission avalanche，二次电子崩）模型和 ETPR（electron triggered polarity relaxation，电子激发极化弛豫）模型。

2.3.3.1　SEEA 模型

较早的、比较系统的关于沿面闪络机理的假说是由 Bugaev 提出的，是基于气体放电理论的假说。在 Bugaev 等人的基础上，Anderson 等提出了一种基于二次电子崩的假说，系统地引入了由于初始电子对绝缘体表面的撞击作用产生二次电子崩的概念。SEEA 模型的主要观点如下：

（1）当在绝缘子两端施加电压时，金属电极、真空和绝缘材料表面三者结合处的局部电场强度较高，此处发生场致电子发射，产生一次电子。

（2）一次电子在电场的作用下被加速获得能量并撞击绝缘材料表面，根据一次电子能量和入射方向的不同以及绝缘材料的差异，对应于不同的二次电子发射系数 δ：当 $\delta<1$ 时，一次电子被绝缘材料吸收；当 $\delta>1$ 时，将从绝缘材料表面发射二次电子。

（3）绝缘材料表面发射二次电子后留下了正电荷，即表面带正电，而后不断发生的一次电子碰撞绝缘材料表面、二次电子发射、二次电子再次碰撞绝缘材料表面以及电子的再次发射和再次碰撞等，都使绝缘材料表面积累了大量的正电荷，导致产生电子崩，即二次电子崩，同时电子崩在电场的作用下向阳极移动。

（4）电子对绝缘材料表面不断撞击的同时，还会使吸附在绝缘材料表面的部分气体分子获得能量，当这一能量达到一定值时，这些分子可以克服绝缘材料表面的吸引而产生解吸附。解吸附的气体分子可以吸附电子而成为负离子，也可能被电子碰撞而发生电离。在电场的作用下，带电的气体分子也随着电子崩向阳极方向移动。

（5）当电子崩和解吸附气体向阳极移动时，靠近阴极的绝缘材料表面所积累的正电荷增强了该区域的电场，继而又加强了场致电子发射，进一步加剧二次电子发射以及气体分子解吸附和电离的过程。上述过程在足够高的电压下构成负反馈，最终产生沿面闪络。

SEEA 模型认为：二次电子发射不但是沿面闪络发展过程中电子倍增的原因，而且还是使绝缘材料表面吸附气体解吸附的原因，这两个过程是完成沿面闪络的必要条件。沿面闪络的 SEEA 模型如图 2-60 所示。

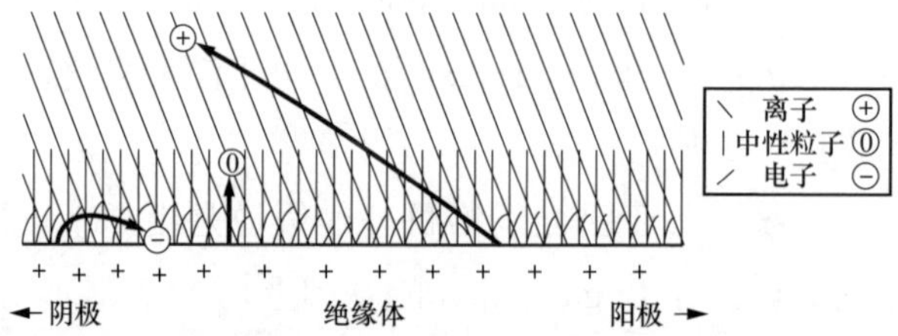

图 2-60　沿面闪络的 SEEA 模型示意图

SEEA 模型中的二次电子崩并不仅仅指由一次电子碰撞绝缘材料表面产生二次电子和表面正电荷积累的电子倍增过程，而是广义地指在初始场致电子发射的基础上，由所有能够产生电子的途径（如二次电子发射和碰撞电离等）所产生的电子，它们受绝缘材料表面积累的正电荷形成的空间电场作用而约束在绝缘材料表面的附近区域形成电子群，进而引起的电子倍增过程。

SEEA 模型能够解释绝缘介质在短时间（纳秒级）脉冲电压下的沿面闪络

行为，以及表面解吸附气体、磁场和二次电子发射系数等对沿面闪络的影响，并能推测绝缘材料的长度与闪络电压之间的关系等；但难以解释直流电压作用下在施加电压数秒后才发生的闪络现象等。

2.3.3.2 ETPR 模型

法国学者 Blaise 等人提出了一种称为电子激发极化弛豫（ETPR）的假说，引入了外界扰动破坏极化平衡状态的概念。ETPR 模型的主要观点如下：

（1）任何极化的电介质在电场或机械应力等的作用下都会有所响应，包括介质中的极化松弛效应、电荷与偶极子的移动、光子发射以及物质晶相的改变等。

（2）绝缘子的带电现象是由于介质本身的缺陷、介质中极化电荷的存在使绝缘子在局部区域形成陷阱中心，从而俘获电荷而产生的；而介质中极化电荷是由于介质的介电常数不均匀产生的。由于带电使得绝缘子在各个不同的局部区域中分别形成正的或负的电荷聚集点（取决于介质中分布的陷阱势垒），这些电荷可以产生一个较强的静电场，以维持状态的平衡；而这一平衡是一个极不稳定的状态，任何外界的扰动（如温度变化、机械应力的改变及外加电场的变动等）都可能使平衡被打破。

（3）闪络现象的发生是由于在外界扰动下极化平衡状态被破坏后介质的极化松弛所引起的。被陷阱捕获的电荷在受到外来电子、热、射线、电场等扰动作用下获得足够能量后快速逃逸，破坏了原来建立的极化平衡状态，引起极化能量的释放。这个过程伴随着大量的高能电子和光子的发射，从而使电子倍增，最终导致闪络击穿。ETPR 模型认为存在二次电子崩，但并不认为这是电子激增的主要原因，它在电子激增的形成过程中所起的作用很小。二次电子崩模型如图 2-61 所示。

ETPR 模型能解释直流电压下的沿面闪络现象、表面解吸附气体和机械特性对沿面闪络的影响、阳极起始的沿面闪络，以及电子束/离子束轰击绝缘材料引起的闪络现象等，但无法解释纳秒级脉冲作用下的沿面闪络现象。

ETPR 模型认为，绝缘介质表面存在各种缺陷，载流子迁移时一部分被陷阱俘获，使绝缘子在局部区域形成陷阱中心，从而俘获电荷，使得绝缘材料表面带电。表面带电的绝缘材料表面，不同局部区域分别形成正负电荷聚集点，可以产生一个较强的静电场，维持状态的平衡。该状态极不稳定而且储存了巨大的能量；在外界电、热、射线等扰动下，被陷阱捕获的电荷获得足够能量后逃逸，平衡状态被破坏，介质极化松弛，极化能量释放，该局部区域发生放电现象，形成预闪络。电荷脱离陷阱的过程中伴随着大量的高能电子和光子发射，从而引发电子倍增，而且放电区域进一步扩大，最终形成贯穿通道，发生沿面闪络。

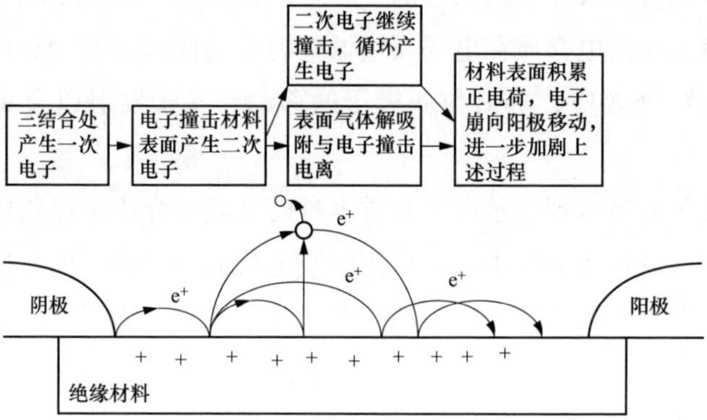

图 2-61　二次电子崩模型示意图

对于纳秒级脉冲下的沿面闪络过程，一般认为 SEEA 模型起主导作用。总体来说，绝缘材料表面的场致电子发射、电子碰撞与倍增、表面陷阱俘获电荷等因素都会影响到真空沿面闪络的发展。

作为保证供电可靠性的重要技术手段，带电作业已经在我国的输配电线路运维中得到了广泛应用。在配电网带电作业中，由于线路设备密集、作业间隙狭小，为了提高作业的安全性，一般采用多重防护的原则，使用绝缘遮蔽用具作为辅助绝缘。绝缘遮蔽用具可以有效地保障作业人员作业时偶然短时碰触不同电位物体时的安全性。绝缘遮蔽罩一般使用橡胶、塑料或树脂等绝缘材料按照不同遮蔽需求加工而成。在实际作业中，一般将绝缘遮蔽罩安装在带电设备或接地体上，形成一个绝缘层。现行的电力行业标准中对绝缘遮蔽罩的要求主要集中在层向绝缘，并未对沿面放电提出明确要求；但是在带电作业实际过程中，作业人员可能会接触遮蔽用具的边缘，此时沿面放电是影响绝缘遮蔽用具安全使用的关键。

沿面放电是绝缘介质沿面耐电性能失效的重要表现之一，不同材料、不同结构都可能影响绝缘介质的沿面放电电压。国内外学者对固体绝缘与气体绝缘交界面处的击穿进行了大量研究，例如：太原理工大学的雷志鹏等人通过试验研究分析了乙丙橡胶绝缘的表面击穿与沿面放电特性；重庆大学的司马文霞等人基于二维自洽流体模型，建立了 N_2/O_2 等离子体沿面放电模型；西安交通大学的吕亮等人对硅橡胶和乙丙橡胶复合绝缘材料交接面上空间电荷进行了研究，证明了不同电介质的交界面一般为绝缘的薄弱点。可以看出，学者们对不同绝缘材料交界面上的放电行为进行了较多研究，不过针对带电作业用绝缘遮蔽用具的沿面放电研究较少，绝缘遮蔽用具的沿面放电特性尚不清楚。

2.3.4 绝缘遮蔽用具的层向放电试验

绝缘遮蔽用具层向耐压水平与绝缘材料类型和电极结构密切相关。为了研究绝缘遮蔽用具的正常工况和极限工况的耐压水平，分别采用平板电极和球板电极两种形式开展层向工频和操作放电试验。

2.3.4.1 试验系统

35kV 线路带电更换绝缘子作业选取 Salisbury 生成的防护等级为 4 的 35kV 橡胶绝缘毯作为试验材料。在试验前需要对试验材料进行预处理：将试样表面用乙醇擦拭，并放置 24h 后再进行试验，以保持试样表面的洁净，减小对试验结果的影响。

工频放电试验电路如图 2-62 所示，工频试验电源的额定容量为 100kVA，输出电压为 0～100kV。

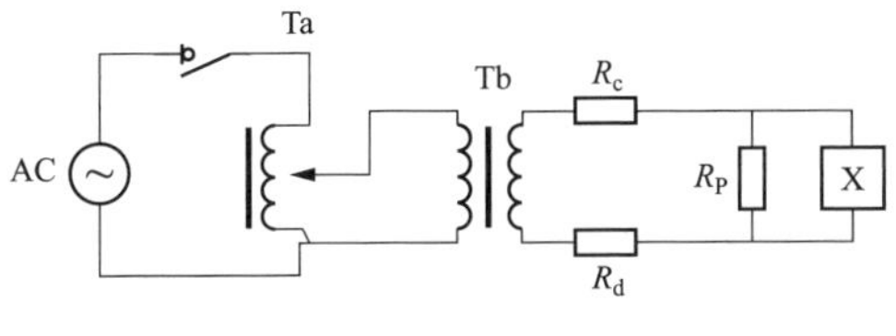

图 2-62 工频放电试验电路

Ta—调压变压器；Tb—升压变压器；R_c—限流电阻；R_P—电压表内阻；R_d—分流器电阻；X—电极及试样

冲击发生器和工频变压器如图 2-63 所示，标准操作冲击波形为＋250/2500μs。

层向放电试验布置如图 2-64 所示，分为平板电极和球板电极两种布置方式。

图 2-63　冲击发生器和工频变压器

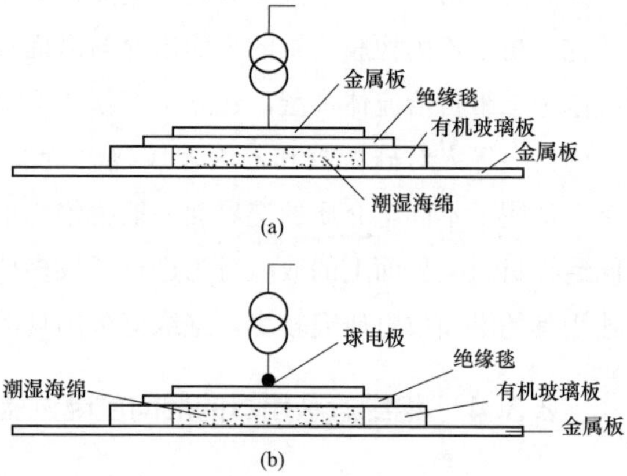

图 2-64　层向放电试验布置示意图
(a) 平板电极；(b) 球板电极

2.3.4.2　层向工频放电试验

将绝缘毯按图 2-64 进行布置，试验电压从较低数值以 1000V/s 的速度逐渐升压，直至绝缘毯发生击穿。对橡胶绝缘毯分别开展 5 次平板电极和球板电极的层向击穿试验，其工频击穿电压见表 2-28。

表 2-28　橡胶绝缘毯的工频击穿电压　(kV)

电极	放电次数	1 次	2 次	3 次	4 次	5 次	平均值
平板	试验电压	80.3	86.5	82.3	80.1	84.1	82.7
球板		44.3	48.9	46.2	43.9	45.1	45.7

橡胶绝缘毯在工频电压下发生击穿，在绝缘毯表面形成贯穿性通道，但因绝缘毯具备一定的阻燃性能，因此未发生明显的火光。绝缘橡胶的击穿场强一般为 30～40kV/mm，由于绝缘材料内部存在微小缺陷，当厚度增加时，其击穿场强会逐渐下降。平板电极的电场分布为均匀场，此次试验的击穿场强约为 25.9kV/mm，但是球板电极下的电场为极不均匀场，其电场不均匀系数一般大于 4，因此在球板电极下绝缘毯的击穿电压下降十分明显。

2.3.4.3　层向冲击放电试验

试验方法采用《绝缘材料　电气强度试验方法　第 1 部分：工频下试验》(GB/T 1408.1—2016) 和《绝缘材料　电气强度试验方法　第 3 部分：1.2/

50μs 冲击试验补充要求》（GB/T 1408.3—2016）规定的冲击电压下固体绝缘材料电气绝缘强度测定的要求进行，进行冲击电压下的耐压试验。从较低电压开始施加冲击电压，每次增加 1kV，直至试样发生击穿，并利用示波器记录每次的电压值及击穿波形；之后降低试验电压重复一次，以排除沿面闪络的情况。每类样品开展至少 10 组试验，若分散性较大则增加 5 组试验，以保证概率统计的数据有效性。

35kV 橡胶绝缘毯的层向冲击放电试验电压见表 2-29。

表 2-29　35kV 橡胶绝缘毯的层向冲击放电试验电压　(kV)

电极	放电次数	1 次	2 次	3 次	4 次	5 次	6 次	7 次	8 次	9 次	10 次	平均值
平板	试验电压	95.6	93.5	92.7	90.9	94.3	92.4	93.4	94.5	95.0	94.6	93.7
球板		50.3	49.9	54.4	52.8	51.4	53.3	55.6	55.0	50.5	51.1	52.4

对于固体绝缘材料，由于冲击放电电压脉冲时间很短，介质发热以及其他热效应和空间电荷注入的影响被减弱，因此冲击放电电压的值比短时间交流放电的峰电压值要高。同样，由于平板电极较球板电极的电场均匀程度更好，其击穿电压远高于球板电极的值。

对于 35kV 配电网系统，其最大的操作过电压按 4p.u.考虑，则操作过电压的峰值为 131.4kV。无论橡胶还是树脂类绝缘遮蔽用具，其极限层向耐压水平都不能满足操作冲击过电压的要求。

2.3.5 绝缘遮蔽用具的沿面放电试验

2.3.5.1 试验系统

选取日常使用较多的几种 35kV 带电作业用绝缘遮蔽用具作为试验材料，见表 2-30。在试验前需要对试验进行预处理：将试样表面用乙醇擦拭，并放置 24h 后再进行试验，以保持试样表面的洁净，减小对试验结果的影响。

表 2-30　试　验　材　料

序号	名称	型号	材质
1	导线遮蔽罩	Salisbury，OR125-45C	橡胶
2	绝缘毯	Salisbury，300	橡胶
3	针式绝缘子遮蔽罩	Salisbury，OFRG	橡胶

为了尽可能与现场作业保持一致，此处使用棒—球电极作为试验电极：棒电极为直径 10mm 的空心铝合金管，长度为 6m，在试验中作为高压极模拟带电导线；球电极为直径 50mm 的实心铝球，模拟作业人员的身体部位。沿面放电的试验布置如图 2-65 所示。绝缘遮蔽用具布置在棒电极上，球电极放在绝缘遮蔽用具表面的边缘处，试验中调节球电极中心距棒电极的距离 S 分别为 5、10、15cm 进行放电试验。

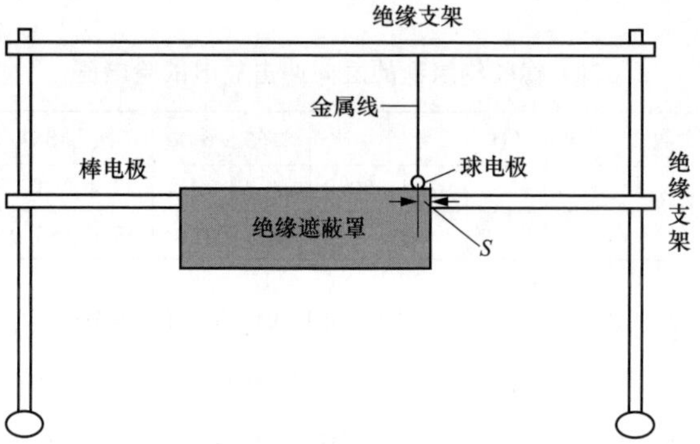

图 2-65 沿面放电试验布置示意图

2.3.5.2 试验方法

采用匀速升压法在试样上施加交流电压或冲击放电电压，升压速率为 1.0kV/s；待试样发生沿面放电时，此时施加的电压值记为放电电压。各种条件下的试验重复 10 次，放电电压取 10 次电压的平均值。

为了观察分析绝缘遮蔽用具的沿面放电路径，所有试验均在暗室中开展，以便降低周围环境光源对放电路径观测的影响，并采用 900 帧/s 的高速摄像机对试验过程进行记录。

图 2-66 导线遮蔽罩沿面放电试验布置

2.3.5.3 沿面放电试验结果及分析

1. 导线遮蔽罩沿面放电试验

将橡胶导线遮蔽罩放置在棒电极上，调整球电极中心距离遮蔽罩边缘的距离进行沿面放电试验，试验布置如图 2-66 所示。

图 2-67 所示为电极间隙间距分别为 5～15cm 时导线遮蔽罩的沿面放电电压。沿面放电电压随着电极间距的增加呈正比例增长。在电压逐渐升高的过程中，球电极周围开始产生嘶嘶的声音，并且在球电极与遮蔽罩接触点的四周开始出现局部白色丝状火花向四周发展，此时放电形态为火花放电。若继续升高电压至临界值，在棒电极和球电极之间会形成一道亮白色的电弧，此时放电类型已由火花放电转为电弧放电，形成了一个整体的贯穿放电通道，导致导线遮蔽罩沿面击穿。导线遮蔽罩沿面放电路径如图 2-68 所示。

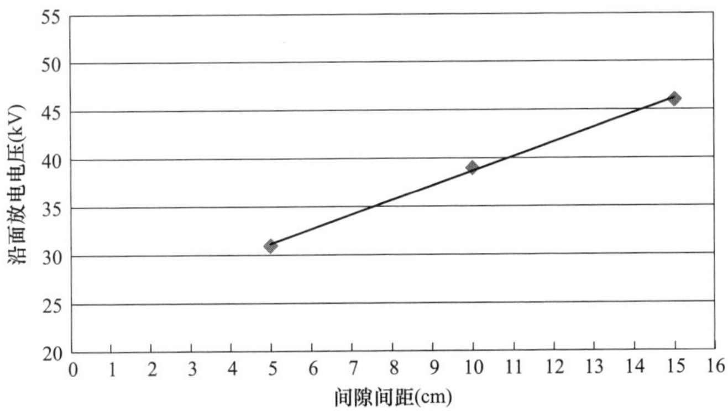

图 2-67　导线遮蔽罩沿面放电电压

2. 绝缘毯沿面放电试验

将橡胶绝缘毯和树脂绝缘毯分别放置在棒电极上，调整球电极中心距离绝缘毯遮蔽罩边缘的距离进行沿面放电试验，试验布置如图 2-69 所示。

图 2-68　导线遮蔽罩沿面放电路径

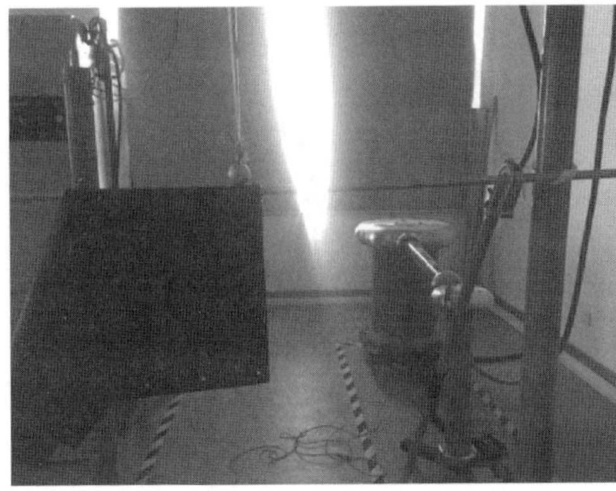

图 2-69　绝缘毯沿面放电试验布置

图 2-70 所示为绝缘毯沿面放电电压。橡胶材料表面具有较多陷阱，其电极两端放电产生的自由电子平均自由行程较短，经过多次碰撞后很快落入绝缘材料的表面陷阱中，抑制了放电的发展，此时沿面放电不容易产生闪络。绝缘毯的放电过程与导线遮蔽罩类似，同样是由局部的火花放电发展为贯穿性的电弧放电。绝缘毯沿面放电路径如图 2-71 所示。

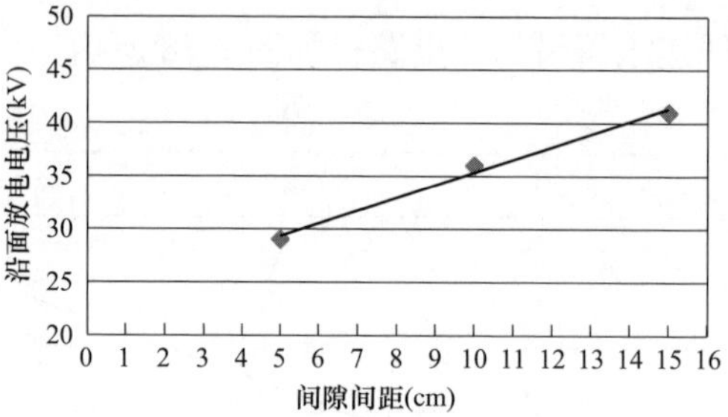

图 2-70 绝缘毯沿面放电电压

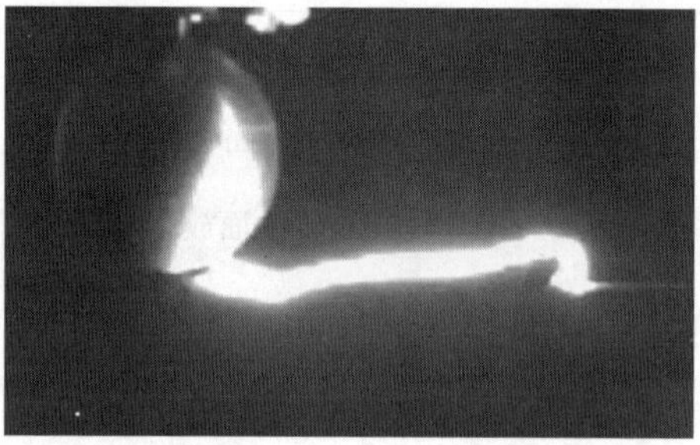
图 2-71 绝缘毯沿面放电路径

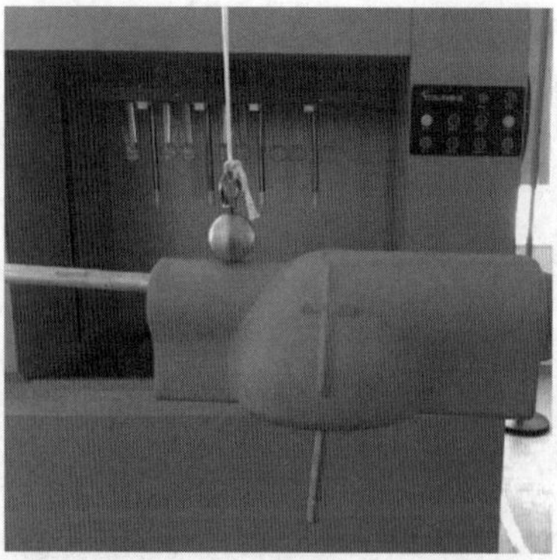
图 2-72 针式绝缘子遮蔽罩沿面放电试验布置

3. 针式绝缘子遮蔽罩沿面放电试验

针式绝缘子遮蔽罩沿面放电试验布置如图 2-72 所示，沿面放电电压如图 2-73 所示。

在 5cm 间距时，绝缘遮蔽罩的放电电压与导线遮蔽罩接近；但是当电极间距进一步增加时，导线遮蔽罩的放电电压只是增加 20%～50%，而绝缘子遮蔽罩的放电电压则增加了 50%～100%。这是因为用来制作绝缘子遮蔽罩的橡胶材料具有更好的绝缘性能，在放电过程中对自由电子的陷阱作用更加明显，其火花放电现象较少，火花长度较短。绝缘子遮蔽罩沿面放电路径如图 2-74 所示。

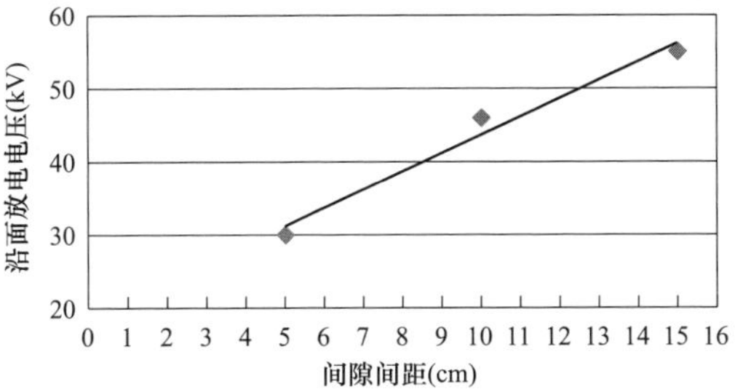

图 2-73　针式绝缘子遮蔽罩沿面放电电压

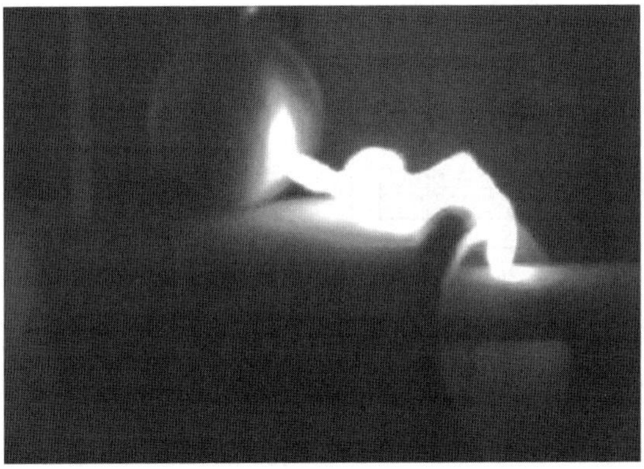

图 2-74　绝缘子遮蔽罩沿面放电路径

2.3.6　绝缘遮蔽用具的绝缘效能分析

根据以上的层向和沿面的放电试验，橡胶材料的绝缘遮蔽用具具有较好的绝缘性能，树脂材料的绝缘遮蔽用具的层向工频耐压能够满足 10kV 不停电作业的使用要求。所有的绝缘遮蔽用具都满足工频耐压的要求，但无法满足操作冲击的耐压水平。由于要求带电作业不能在雷雨天气下进行，因此作业过程中主要考虑线路最大运行电压和操作过电压的影响。由于绝缘遮蔽用具是作为辅助绝缘使用，在作业过程中作业人员偶然接触被遮蔽的不同电位构件时，突然遇到线路操作过电压的可能性非常低，因此绝缘遮蔽用具只需承受最大工作电压即可。

同其他类型的绝缘用具一样，绝缘遮蔽用具在作业人员动作延伸方向起到对异电位物体的遮蔽和隔离作用。本书提出的有效保护区是指遮蔽用具外形面积减去导体接触处由于爬电而导致可能触电的沿面区域（非有效保护区域）。在现场作业时，作业人员应避免接触非有效保护区域。

35kV 配电网线路最大运行电压为 40.25kV，考虑 1.2 倍的安全裕度，使用惯用法进行绝缘配合。根据前述绝缘遮蔽用具的沿面放电试验，树脂绝缘毯的沿面放电电压最低，当球电极距边缘 15cm 时，放电电压为 45kV（远大于系统最大运行电压）。因此，可以认为绝缘遮蔽用具的有效保护区域为遮蔽用具表面中心区域至距边缘 15cm 的范围，如图 2-75 所示。

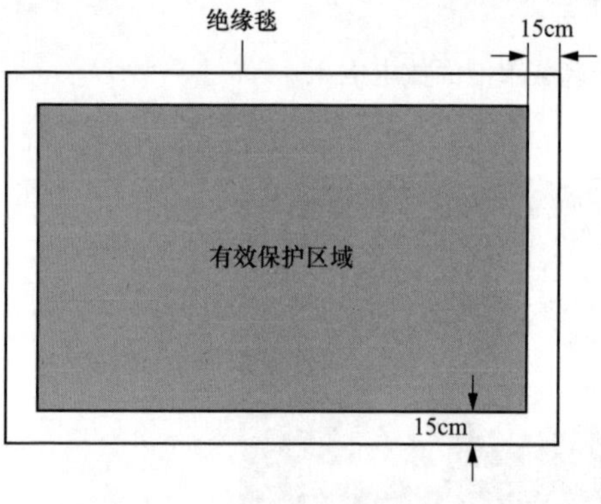

图 2-75　有效保护区域示意图

在绝缘手套法作业中，作业人员需要完成安装和拆除绝缘遮蔽两个关键步骤。但是在实际作业线路中，作业环境较为复杂，杆塔上可能存在低压线路、拉线、通信线缆等构件，或者在双回、四回等多回线路上开展带电作业，安全开展绝缘遮蔽一直是一项技术难度较高的工作。作业人员需要在还未遮蔽的线路上选择合适的进入路径，保持足够的安全距离对带电体和接地体进行遮蔽工作，这对作业人员的技能水平和作业环境有着较高要求。

在杆上绝缘杆法作业中，作业人员的相对位置基本固定，作业人员一般从导线下方使用绝缘杆进行操作。若安全距离足够，作业人员不需要靠近带电体进行操作，则仅考虑防止相间短路的绝缘遮蔽；若作业人员需要靠近导线对远端构件进行操作，有可能突破安全距离时，则应进行绝缘遮蔽。

除使用绝缘遮蔽用具外，35kV 线路带电作业过程中常常还需要使用绝缘隔离用具，其主要性能与遮蔽用具一致，但两者功能略有差异。绝缘隔离用具一般不直接安装在带电设备上，而是放置在地电位作业人员与带电体之间，确保安全距离不会因作业人员的意外动作而变得不足。因此，绝缘隔离用具的最小尺寸应根据作业人员的站位进行确定：

（1）作业人员位于横担地电位作业，头顶对上方导线距离可能因人体活动导致不足时，需要在两者之间加装绝缘隔离用具，考虑作业人员站立时的活动范围，绝缘隔离用具的半径应不小于 0.5m；

（2）作业人员在爬塔过程中，对侧面导线或引流线的距离可能因人体活动导致不足时，需要在两者之间加装隔离用具，考虑人体形态和活动范围，一般宜采用矩形隔板。

3　35kV 线路带电更换绝缘子作业方式

3.1　35kV 线路杆塔基本情况

3.1.1　直线塔

按照杆塔类型分类，35kV 线路直线塔主要包括门型直线塔、“上”字型铁塔、“上”字型水泥杆、猫头直线塔、双回直线塔五类，每种塔型的作业间隙、地面环境、绝缘子类型等影响带电作业方法的因素均有差异。

3.1.1.1　门型直线塔

门型直线塔采用两根水泥杆以及横担组成单回线路门型塔，三相导线呈水平布置。门型直线塔如图 3-1 所示。

图 3-1　门型直线塔

1. 杆塔环境

门型直线塔导线对地高度为 9～21m，杆塔所处区域一般以山地为主，少量杆塔位于村庄内。部分杆塔与地面之间存在 4～8 根拉线进行固定。

2. 作业间隙

(1) 两个边相的作业间隙相同，与上方横担间距为 0.9～1m，与侧面杆塔间距 1.3～2.4m。

（2）中相导线位于两个水泥杆之间 1/2 处，距离上方横担间距为 0.9～1m，距侧面塔身 1.3～1.5m。

（3）边相导线与中相导线的间距为 3m 左右。

3. 绝缘子类型

门型直线塔绝缘子分为玻璃绝缘子和复合绝缘子两类，其中玻璃绝缘子为 3 片，均由单串绝缘子串与导线连接。

3.1.1.2　“上”字型铁塔

“上”字型铁塔是采用角钢搭建的单回线路直线塔，三相导线呈“上”字型布置。“上”字型铁塔如图 3-2 所示。

1. 杆塔环境

“上”字型铁塔的导线对地高度为 14.5～23m，杆塔所处区域一般以山地为主，少量杆塔位于村庄内。杆塔与地面之间无拉线。

2. 作业间隙

（1）上、下层导线距离上方横担 1m。其上层导线距离侧面塔身 1～1.5m，距离下方横担约 2m；下层导线距离侧面塔身 1.5～2m。

（2）相邻导线间距为 3m 左右。

图 3-2　“上”字型直线铁塔

3. 绝缘子类型

“上”字型铁塔绝缘子分为玻璃绝缘子和复合绝缘子两类，其中玻璃绝缘子为 3 片，均由单串绝缘子串与导线连接。

图 3-3　“上”字型水泥杆

3.1.1.3　“上”字型水泥杆

“上”字型水泥杆的杆身为圆柱形水泥杆，三相导线呈三角形布置。“上”字型水泥杆如图 3-3 所示。

1. 杆塔环境

“上”字型水泥杆的导线对地高度为 10～12m，杆塔所处区域一般以山地为主。杆塔与地面之间存在 2～4 根拉线。

2. 作业间隙

上、下层导线距离上方横担0.7～1.2m。其上层导线距离侧面塔身1.5m，距离下方横担1～1.6m；下层导线距离侧面塔身2～2.3m。

3. 绝缘子类型

"上"字型水泥杆绝缘子分为玻璃绝缘子和复合绝缘子两类，其中玻璃绝缘子为3片，均由单串绝缘子串与导线连接。

3.1.1.4 猫头直线塔

猫头直线塔是以角钢为主材搭建的单回直线塔，其三相导线呈三角形排列。猫头直线塔如图3-4所示。

1. 杆塔环境

猫头直线塔的导线对地高度为23～30m，杆塔所处区域一般为山地。

2. 作业间隙

左右两个边相为对称结构，距离侧面塔身1.5m，距上方横担1.0m。中相导线位于猫头塔塔窗中间，距离周围塔窗1.5m，距离上方横担1.0m。

3. 绝缘子类型

猫头直线塔绝缘子分为玻璃绝缘子和复合绝缘子两类，其中玻璃绝缘子为3片，均由双串绝缘子串与导线连接。

3.1.1.5 双回直线塔

双回直线塔为角钢结构，三相导线为上、中、下垂直排列。双回直线塔如图3-5所示。

图3-4 猫头直线塔

图3-5 双回直线塔

1. 杆塔环境

双回直线塔的导线对地高度为20～28m，杆塔所处区域一般为山地。

2. 作业间隙

双回线路分别位于杆塔两侧对称布置，上、下层导线距离侧面塔身1.5m，中层导线距离侧面塔身2.0m，导线距离上方横担1.3m，距离下方横担1.2m。

3. 绝缘子类型

双回直线塔一般使用单串复合绝缘子或玻璃绝缘子，其中玻璃绝缘子串包含3片绝缘子。

3.1.2 耐张塔

按照杆塔类型分类，35kV线路耐张塔主要包括“干”字型耐张塔、双回耐张塔、门型耐张塔等，每种塔型的作业间隙、地面环境、绝缘子类型等影响带电作业方法的因素均有差异。

3.1.2.1 “干”字型耐张塔

“干”字型耐张塔是以角钢为主材构件的单回耐张杆塔，其导线为“上”字型布置，下层两相导线为左右对称布置。“干”字型耐张塔如图3-6所示。

图3-6 “干”字型耐张塔

1. 杆塔环境

“干”字型耐张塔的下层导线对地高度为19.5m，杆塔所处区域一般为山地。

2. 作业间隙

耐张引流线距离侧面塔身1.5m，距离上方横担约0.7m，上层引流线距离下方横担2.5m。三相导线距离横担1.5m。

3. 绝缘子类型

“干”字型耐张塔采用双联玻璃绝缘子串，包含4片玻璃绝缘子。上层引流线绝缘子串采用3片玻璃绝缘子为一体的单联结构。

3.1.2.2 双回耐张塔

双回耐张塔是以角钢为主材构件的单回耐张杆塔，其双回导线为垂直布置，杆塔尺寸与单回类似。双回耐张塔如图 3-7 所示。

3.1.2.3 门型耐张塔

门型耐张塔采用两根水泥杆与角铁横担组成门型杆塔，三相导线呈水平布置，分别位于门型杆塔的两侧和中间处。门型耐张塔如图 3-8 所示。

图 3-7 双回耐张塔

图 3-8 门型耐张塔

1. 杆塔环境

门型耐张塔的导线距离地面 15～20m，杆塔所处区域一般为山地。

2. 作业间隙

门型耐张塔的引流线距离上方横担 0.7m，两边相引流线距离侧面塔身 1.5m，三相导线距离横担 1.5m。

3. 绝缘子类型

门型耐张塔采用单联玻璃绝缘子串，包含 3 片绝缘子，无引流线绝缘子。

3.2 35kV 典型杆塔带电作业方法

本节以广东地区 35kV 典型杆塔带电作业方法为例进行介绍。

3.2.1 直线塔带电更换绝缘子

35kV 线路带电更换直线绝缘子主要采用绝缘手套法和绝缘杆作业法两种方法，每一种杆塔的作业方式选择需要根据杆塔的结构特点进行选取。35kV

线路带电作业最小安全距离为 0.6m，最小绝缘有效长度为 0.9m。

3.2.1.1　门型直线塔

1. 绝缘手套作业法

部分门型直线塔位于市郊或村庄地区，具备绝缘斗臂车进入的条件，同时该直线塔的导线对地距离最低为 9m，目前的 35kV 绝缘斗臂车的作业高度能够满足作业条件；因此，可以采用绝缘手套作业法开展更换直线塔绝缘子作业。

（1）作业位置。绝缘手套作业法作业位置的主要选取原则分为以下两个方面。

1）绝缘斗臂车所能到达的位置：主要取决于地形、塔型、车型等因素，考虑到门型塔导线较低而 35kV 绝缘斗臂车作业高度一般超过 19m，因此该塔型的导线及横担处绝缘斗臂车均能到达。

2）作业安全：主要是通过保持足够的安全距离，并采用绝缘遮蔽措施进行保障。

门型直线塔绝缘手套作业法如图 3-9 所示。考虑绝缘工作斗的尺寸和杆塔作业间隙的相互关系，当更换边相绝缘子时，作业人员应位于导线的外侧，不宜进入导线和杆塔之间的区域；当更换中相导线时，作业人员乘坐工作斗位于导线正下方进行操作，并控制绝缘斗和绝缘臂与杆塔、拉线等地电位构件之间的距离。

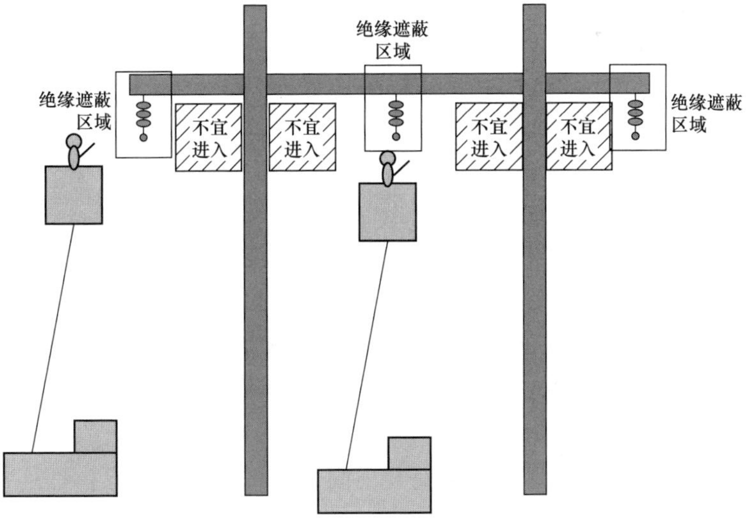

图 3-9　门型直线塔绝缘手套作业法示意图

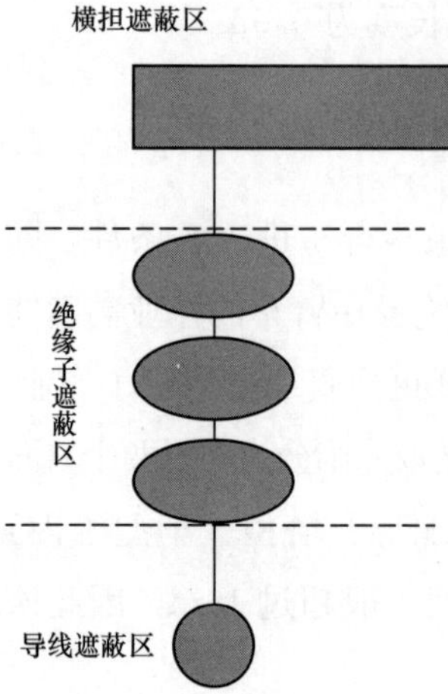

图 3-10 直线绝缘子绝缘遮蔽区域示意图

（2）绝缘遮蔽措施。直线绝缘子绝缘遮蔽区域如图 3-10 所示，当在边相作业时，绝缘遮蔽对象为边相导线、直线绝缘子和绝缘子上方横担。斗内作业人员位于导线处作业时，其头部不应超过导线侧第一片绝缘子；位于横担处作业时，其手部不应超过横担侧第一片绝缘子。当位于中相作业时，绝缘遮蔽对象为导线、直线绝缘子和绝缘子上方横担，并采用绝缘挡板对侧面塔身进行隔离，确保导线处作业人员不会误碰侧面塔身。

（3）主要操作步骤及工器具配置。

1）1 号电工和 2 号电工穿戴绝缘靴（鞋套）、绝缘手套、绝缘安全帽、绝缘服（袖套）等全套个人防护用具，互相检查穿戴情况。

2）根据不同杆塔形式和相别，绝缘斗臂车电工检查确认斗臂车支撑脚稳固，检查操作系统升降、回转、制动、接地连接等情况，将斗臂车定位于最适合于作业的位置，并向工作负责人汇报。

3）1 号电工和 2 号电工进入绝缘斗，将作业用工具、材料、绝缘隔离用具等放入绝缘斗内，工具和隔离用具应分类放置在工具袋中，安全带系挂在斗内挂钩上。

4）1 号电工操作工作斗进入作业位置（边相导线外侧或中相导线下方）。首先用绝缘毯对导线进行绝缘遮蔽，防振锤部位要包裹严密，并用绝缘夹夹紧以防脱落；再对悬垂线夹、绝缘子串、横担依次分别用绝缘毯进行包扎遮蔽，并用绝缘夹夹紧。

5）绝缘隔离措施完成后，斗内电工操作提升绝缘斗至横担附近，将导线保护钩首先固定在横担上，再将另一侧挂在导线上且自锁住导线。高强度保护绝缘绳的长度控制在 0.7m 左右。

6）斗内电工将横担侧直线卡安装稳固，并将丝杆和绝缘拉杆连接，通过导线保护钩固定在导线侧。待卡具组装完毕后，开始进行预收紧并检查各部件是否牢固。

7）在工作负责人的指挥下，斗内电工收紧丝杆将导线垂直荷重转移至绝缘拉杆，使绝缘子串松弛。

8）1 号电工检查工具各受力部件，冲击试验确认无问题后，经工作负责人同意，解开悬垂线夹的绝缘隔离，上、下配合取出碗头紧销，摘开球碗连接，使绝缘子串脱离导线，将裸露部分导线重新绝缘隔离。

9）1 号电工解开绝缘子串的绝缘隔离，绑扎好并摘开绝缘子串横担连接，将旧的绝缘子串放下，同时新绝缘子串跟随至工作位置。传递中注意控制好空中上、下两串绝缘子串的位置，防止发生相互碰撞。

10）斗内电工松弛丝杆，将绝缘子串与悬垂线夹的连接恢复，并将悬垂线夹重新绝缘隔离。

11）1 号电工操作拆除直线卡具、导线后备保护绳并传递至地面。

12）更换作业完成后，经工作负责人同意，斗内电工按“先远后近、先上后下”的原则，按逆顺序分别拆除各类绝缘隔离措施。

13）斗内电工检查确认杆塔上无遗留物、设备恢复原状后，报经工作负责人同意后，斗内辅助电工操作绝缘斗返回地面，清理工具和现场，工作负责人清点工器具。

更换直线绝缘子工具如图 3-11 所示，门型直线塔绝缘手套作业法作业人员及工器具配置见表 3-1。

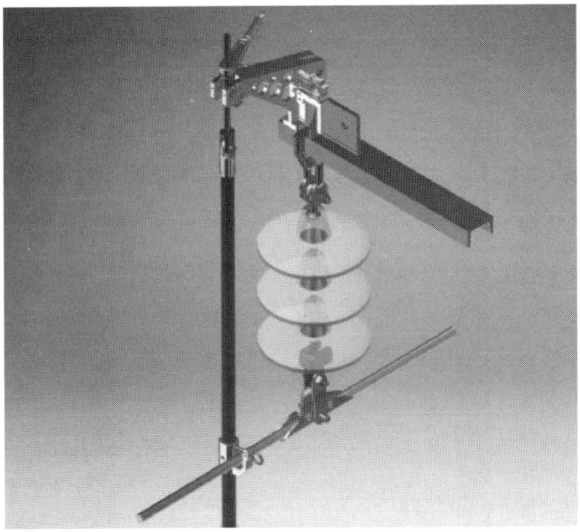

图 3-11　更换直线绝缘子工具示意图（拉杆类工具）

表 3-1　　门型直线塔绝缘手套作业法作业人员及工器具配置

序号	名称	型号	数量	备注
1	斗内电工	—	2	
2	地面电工	—	2	
3	工作负责人	—	1	
4	绝缘斗臂车	35kV	1	
5	绝缘手套	35kV	2	
6	绝缘袖套	35kV	2	
7	导线遮蔽用具	35kV	若干	
8	绝缘毯	35kV	若干	
9	直线卡具＋丝杆＋拉棒	—	1	
10	手工工具	—	1	整套
11	后备保护绳	35kV	1	

2. 斗臂车绝缘杆作业法

(1) 作业位置。采用斗臂车绝缘杆作业法时，作业人员的作业位置与绝缘手套作业法类似，只需考虑与横担和侧面塔身的安全距离。由于作业人员采用绝缘杆在斗内进行远程作业，因此作业人员只需穿戴绝缘手套作为后备保护即可。门型直线塔斗臂车绝缘杆作业法如图 3-12 所示。除了绝缘子串与侧面塔身之间的区域不宜进入外，斗内作业人员还应当与带电导线保持 1m 以上的距离。

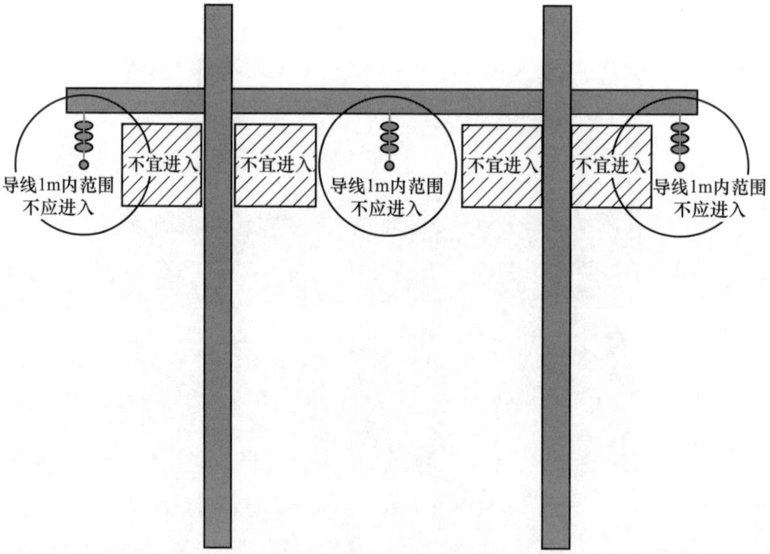

图 3-12　门型直线塔斗臂车绝缘杆作业法示意图

（2）绝缘遮蔽措施。采用斗臂车绝缘杆作业法时，作业人员远离带电体使用绝缘操作杆进行操作，因此不需要进行绝缘遮蔽。但是当绝缘操作杆无法完成全部操作工序，需要作业人员在横担处进行安装操作时，应当对带电导线进行绝缘隔离或遮蔽。

（3）主要操作步骤及工器具配置。

1）1 号电工和 2 号电工穿戴绝缘靴（鞋套）、绝缘手套、绝缘安全帽等个人防护用具，互相检查穿戴情况。

2）根据不同杆塔形式和相别，绝缘斗臂车电工检查确认斗臂车支撑脚稳固，检查操作系统升降、回转、制动、接地连接等情况，将斗臂车定位于最适合于作业的位置，并向工作负责人汇报。

3）1 号电工和 2 号电工进入绝缘斗，将作业用工具、材料、绝缘隔离用具等放入绝缘斗内，工具和隔离用具应分类放置在工具袋中，安全带系挂在斗内挂钩上。

4）1 号电工操作工作斗进入作业位置（边相导线外侧或中相导线下方）并与带电体保持不小于 1m 的安全距离，斗内电工操作提升绝缘斗至横担附近，将导线保护钩首先固定在横担上，再使用绝缘操作杆将另一侧挂在导线上且自锁住导线。高强度保护绝缘绳的长度控制在 0.7m 左右。

5）斗内电工将横担侧直线卡安装稳固，并将丝杆和绝缘拉杆连接并通过绝缘杆控制导线保护钩固定在导线侧。待卡具组装完毕后开始进行预收紧并检查各部件是否牢固。在横担处作业时，应严格控制工作斗位置，确保安全距离足够。

6）在工作负责人的指挥下，斗内电工收紧丝杆将导线垂直荷重转移至绝缘拉杆，使绝缘子串松弛。

7）1 号电工检查工具各受力部件，冲击试验确认无问题后，经工作负责人同意，通过拔销杆取出碗头紧销，摘开球碗连接，使用取瓶器将绝缘子串脱离导线。

8）1 号电工绑扎好并摘开绝缘子串横担连接，将旧的绝缘子串放下，同时新绝缘子串跟随至工作位置。传递中注意控制好空中上、下两串绝缘子串的位置，防止发生相互碰撞。

9）斗内电工松弛丝杆，使用碗头扶正器、取瓶器、绝缘操作杆等将绝缘子串与悬垂线夹连接恢复。

10）1 号电工拆除直线卡具、导线后备保护绳并传递至地面。

11）更换作业完成后，斗内电工检查确认杆塔上无遗留物、设备恢复原状后，报经工作负责人同意后，斗内辅助电工操作绝缘斗返回地面，清理工具和现场，工作负责人清点工器具。

门型直线塔绝缘杆作业法作业人员及工器具配置见表 3-2。

表 3-2　　门型直线塔绝缘杆作业法作业人员及工器具配置

序号	名称	型号	数量	备注
1	斗内电工	—	2	斗臂车绝缘杆法
2	地面电工	—	2	
3	工作负责人	—	1	
4	绝缘斗臂车	35kV	1	斗臂车绝缘杆法
5	绝缘手套	35kV	2	
6	直线卡具＋丝杆＋拉杆	—	1	
7	手工工具	—	1	整套
8	后备保护绳	35kV	1	
9	拔销杆 取瓶器 自动保险绝缘滑车 绝缘杆挂架 绝缘传递绳（配绝缘钩） 导线遮蔽隔板（挂点区别） 碗头固定扶正器	35kV	1	整套

3. 地电位绝缘杆作业法

（1）作业位置。采用地电位绝缘杆作业法时，作业人员一般位于杆塔或横担的地电位处，需要与带电体保持足够的安全距离。若是需要在人员位于横担处安装提线装置，宜在横担侧第一片绝缘子上方安装绝缘挡板，以隔离作业人员与导线。作业时注意拉线与绝缘杆之间的距离，避免绝缘杆碰触拉线导致绝缘杆被接地短路。在使用绝缘操作杆时，位于塔身处的地电位作业人员应严格控制手部与带电体的距离，确保最小安全距离不会被逾越。地电位绝缘杆作业法如图 3-13 所示。

（2）绝缘遮蔽措施。采用地电位绝缘杆作业法时，作业人员远离带电体使用绝缘操作杆进行操作，因此不需要进行绝缘遮蔽。

（3）主要操作步骤及工器具配置。

1）登杆电工检查登杆工具和绝缘防护用具，穿戴绝缘靴、绝缘手套、绝缘安全帽及其他绝缘防护用具。

2）登杆电工携带绝缘传递绳登杆至适当位置（1号电工位于横担处，2号电工位于与导线等高的杆塔塔身），并系好安全带。

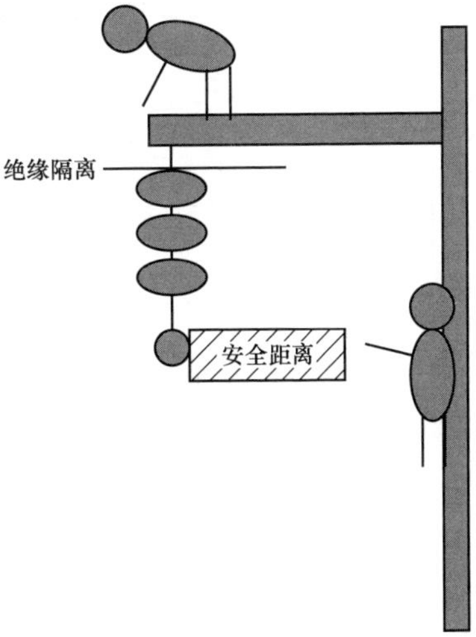

图3-13　地电位绝缘杆作业法示意图

3）地面电工使用绝缘传递绳将绝缘操作杆、绝缘隔板、绝缘杆挂架逐次传给杆上电工。1号电工将绝缘隔板安装在横担侧第一片绝缘子处。1号电工配合2号电工安装好导线后备保护绳。

4）地面电工将卡具传至杆上电工，杆上1号电工在适当的位置将其安装在横担上。2号电工使用绝缘操作杆将绝缘拉杆一端的导线保护钩固定在导线侧并自锁。

5）1号电工将丝杆预收紧后检查卡具各部件的受力情况，确认牢固后，收紧丝杆直至绝缘子串松弛。

6）经工作负责人同意，2号电工通过拔销杆取出碗头紧销，摘开球碗连接，使用取瓶器将绝缘子串脱离导线。

7）1号电工将旧绝缘子串横担侧连接断开，并通过绝缘绳将旧绝缘子串传递至地面，地面电工将新绝缘子串传递至杆上。

8）1号电工将新绝缘子串与横担连接后，2号电工通过碗头扶正器、取瓶器、绝缘操作杆等将绝缘子串与悬垂线夹的连接恢复。

9）拆除直线卡具、导线后备保护绳并传递至地面。

10）更换作业完成后，杆上电工检查确认杆塔上无遗留物、设备恢复原状后，报经工作负责人同意后返回地面，清理工具和现场，工作负责人清点工器具。

门型直线塔地电位绝缘杆作业法作业人员及工器具配置见表3-3。

表 3-3　　门型直线塔地电位绝缘杆作业法作业人员及工器具配置

序号	名称	型号	数量	备注
1	杆上电工	—	2	登杆绝缘杆法
2	地面电工	—	2	
3	工作负责人	—	1	
4	绝缘手套	35kV	2	
5	直线卡具＋丝杆＋拉杆	—	1	
6	手工工具	—	1	整套
7	后备保护绳	35kV	1	
8	拔销杆 取瓶器 自动保险绝缘滑车 绝缘杆挂架 绝缘传递绳（配绝缘钩） 导线遮蔽隔板（挂点区别） 碗头固定扶正器	35kV	1	整套

3.2.1.2 “上”字型铁塔

1. 绝缘手套作业法

部分“上”字型直线塔位于市郊或村庄地区，具备绝缘斗臂车进入的条件，同时该直线塔的导线对地距离最低为 14m，目前的 35kV 绝缘斗臂车的作业高度能够满足作业条件；因此，可以采用绝缘手套作业法开展更换直线塔绝缘子作业。“上”字型铁塔绝缘手套作业法如图 3-14 所示。

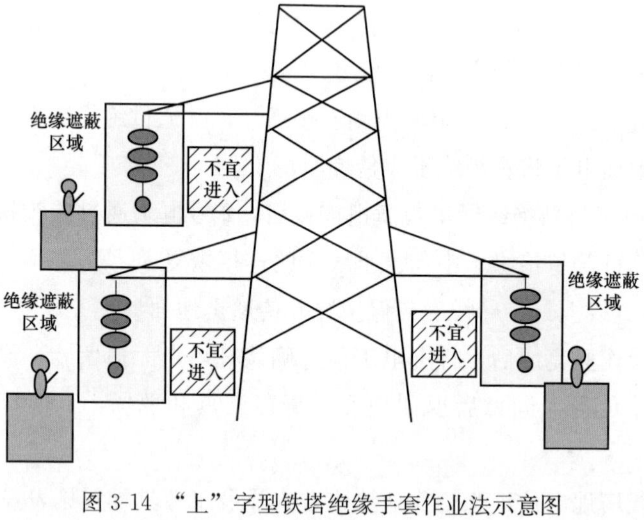

图 3-14　“上”字型铁塔绝缘手套作业法示意图

（1）作业位置。由于该塔型导线呈“上”字型分布，上层导线与下层导线的作业空间差异较大，作业人员应位于导线的外侧，不宜进入导线和杆塔之间的区域。当对上层导线作业时，应注意工作斗与下方横担的距离。

（2）绝缘遮蔽措施。绝缘遮蔽对象为边相导线、直线绝缘子和绝缘子上方横担。斗内作业人员位于导线处作业时，其头部不应超过导线侧第一片绝缘子；位于横担处作业时，其手部不应超过横担侧第一片绝缘子；若是在上层导线作业，还需对下方横担进行绝缘遮蔽。

（3）主要操作步骤及工器具配置。

1）1 号电工和 2 号电工穿戴绝缘靴（鞋套）、绝缘手套、绝缘安全帽、绝缘服（袖套）等全套个人防护用具，互相检查穿戴情况。

2）根据不同杆塔形式和相别，绝缘斗臂车电工检查确认斗臂车支撑脚稳固，检查操作系统升降、回转、制动、接地连接等情况，将斗臂车定位于最适合于作业的位置，并向工作负责人汇报。

3）1 号电工和 2 号电工进入绝缘斗，将作业用工具、材料、绝缘隔离用具等放入绝缘斗内，工具和隔离用具应分类放置在工具袋中，安全带系挂在斗内挂钩上。

4）1 号电工操作工作斗进入作业位置（导线外侧）。首先用绝缘毯对导线进行绝缘遮蔽，防振锤部位要包裹严密，并用绝缘夹夹紧以防脱落；再对悬垂线夹、绝缘子串、横担依次分别用绝缘毯进行包扎遮蔽，并用绝缘夹夹紧。若是在上层导线作业，则还需对下层横担进行绝缘遮蔽。

5）绝缘隔离措施完成后，斗内电工操作提升绝缘斗至横担附近，将导线保护钩首先固定在横担上，再将另一侧挂在导线上且自锁住导线。高强度保护绝缘绳的长度控制在 0.7m 左右。

6）斗内电工将横担侧直线卡安装稳固，并将已连接好的滑车组一侧固定在直线卡具上，另一侧通过导线保护钩自锁住导线。

7）待卡具组装完毕后，地面电工通过绝缘绳索开始进行预收紧并检查各部件是否牢固。在工作负责人的指挥下，地面电工收紧绝缘绳索将导线垂直荷重转移至绝缘绳索，使绝缘子串松弛。

8）斗内 1 号电工检查工具各受力部件，冲击试验确认无问题后，经工作负责人同意，解开悬垂线夹的绝缘隔离，上、下配合取出碗头紧销，摘开球碗连接，使绝缘子串脱离导线，将裸露部分导线重新绝缘隔离。

9）斗内 1 号电工解开绝缘子串的绝缘隔离，绑扎好并摘开绝缘子串横担连接，将旧的绝缘子串放下，同时新绝缘子串跟随至工作位置。传递中注意控制好空中上、下两串绝缘子串的位置，防止发生相互碰撞。

10）地面电工松弛绝缘绳，将绝缘子串与悬垂线夹的连接恢复，并将悬垂线夹重新绝缘隔离。

11）1 号电工操作拆除直线卡具、导线后备保护绳并传递至地面。

图 3-15 更换直线绝缘子工具示意图（绝缘绳索类工具）

12）更换作业完成后，经工作负责人同意，斗内电工按“先远后近、先上后下”的原则，按逆顺序分别拆除各类绝缘隔离措施。

13）斗内电工检查确认杆塔上无遗留物、设备恢复原状后，报经工作负责人同意后，斗内辅助电工操作绝缘斗返回地面，清理工具和现场，工作负责人清点工器具。

更换直线绝缘子工具如图 3-15 所示，“上”字型铁塔绝缘手套作业法作业人员及工器具配置见表 3-4。

表 3-4 “上”字型铁塔绝缘手套作业法作业人员及工器具配置

序号	名称	型号	数量	备注
1	斗内电工	—	2	
2	地面电工	—	2	
3	工作负责人	—	1	
4	绝缘斗臂车	35kV	1	
5	绝缘手套	35kV	2	
6	绝缘袖套	35kV	2	
7	导线遮蔽用具	35kV	若干	
8	绝缘毯	35kV	若干	
9	直线卡具＋三轮绝缘滑车组	—	1	
10	手工工具	—	1	整套
11	后备保护绳	35kV	1	

2. 斗臂车绝缘杆作业法

（1）作业位置。采用斗臂车绝缘杆作业法时，作业人员的作业位置与绝缘手套作业法类似，只需考虑与横担和侧面塔身的安全距离。由于作业人员采用绝缘杆在斗内进行远程作业，因此作业人员只需穿戴绝缘手套作为后备保护即可。“上”字型铁塔斗臂车绝缘杆作业法如图 3-16 所示。除了绝缘子串与侧面塔身之间的区域不宜进入外，斗内作业人员还应当与带电导线保持 1m 以上的距离。

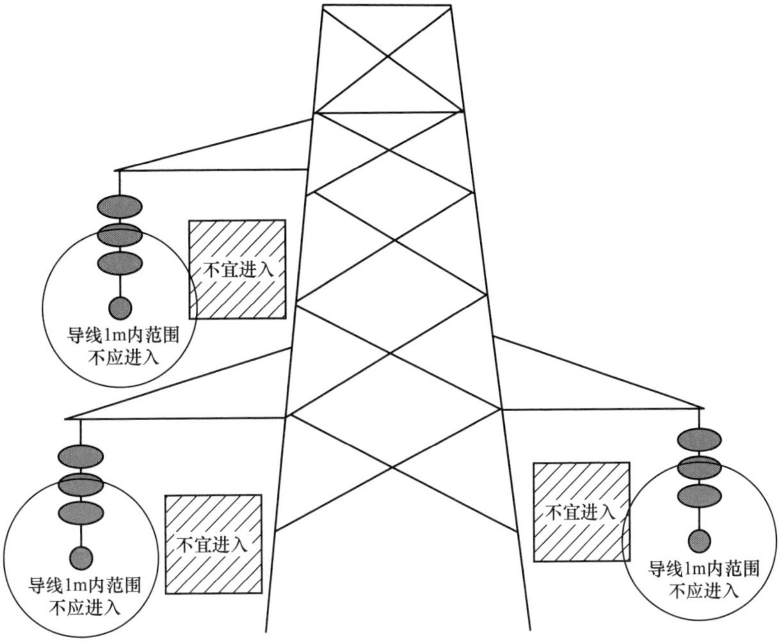

图 3-16 “上”字型铁塔斗臂车绝缘杆作业法示意图

（2）绝缘遮蔽措施。采用斗臂车绝缘杆作业法时，作业人员远离带电体使用操作杆进行操作，因此不需要进行绝缘遮蔽。但是当绝缘操作杆无法完成全部操作工序，需要作业人员在横担处进行安装操作时，应当对上方带电导线进行绝缘遮蔽，对下方导线进行绝缘隔离。

（3）主要操作步骤及工器具配置。

1）1 号电工和 2 号电工穿戴绝缘靴（鞋套）、绝缘手套、绝缘安全帽等个人防护用具，互相检查穿戴情况。

2）根据不同杆塔形式和相别，绝缘斗臂车电工检查确认斗臂车支撑脚稳固，检查操作系统升降、回转、制动、接地连接等情况，将斗臂车定位于最适合于作业的位置，并向工作负责人汇报。

3）1 号电工和 2 号电工进入绝缘斗，将作业用工具、材料、绝缘隔离用具等放入绝缘斗内，工具和隔离用具应分类放置在工具袋中，安全带系挂在斗内挂钩上。绝缘滑车组及其绳索应预先安装好。

4）1 号电工操作工作斗进入作业位置（导线外侧）并与带电体保持不小于 1m 的安全距离。斗内电工操作提升绝缘斗至横担附近，将导线保护钩首先固定在横担上，再使用绝缘操作杆将另一侧挂在导线上且自锁住导线。高强度保护绝缘绳的长度控制在 0.7m 左右。

5）斗内电工将横担侧直线卡安装稳固，并通过绝缘操作杆将已连接好的滑车组一侧固定在直线卡具上，另一侧通过导线保护钩自锁住导线。待卡具组装完毕后，地面电工开始进行预收紧并检查各部件是否牢固。在横担处作业时，应严格控制工作斗位置，确保安全距离足够。

6）在工作负责人的指挥下，地面电工收紧绝缘绳将导线垂直荷重转移至绝缘绳索，使绝缘子串松弛。

7）1 号电工检查工具各受力部件，冲击试验确认无问题后，经工作负责人同意，通过拔销杆取出碗头紧销，摘开球碗连接，使用取瓶器将绝缘子串脱离导线。

8）1 号电工绑扎好并摘开绝缘子串横担连接，将旧的绝缘子串放下，同时新绝缘子串跟随至工作位置。传递中注意控制好空中上、下两串绝缘子串的位置，防止发生相互碰撞。

9）斗内电工松弛丝杆，使用碗头扶正器、取瓶器、绝缘操作杆等将绝缘子串与悬垂线夹的连接恢复。

10）1 号电工拆除直线卡具、绝缘滑车组、导线后备保护绳并传递至地面。

11）更换作业完成后，斗内电工检查确认杆塔上无遗留物、设备恢复原状后，报经工作负责人同意后，斗内辅助电工操作绝缘斗返回地面，清理工具和现场，工作负责人清点工器具。

“上”字型铁塔斗臂车绝缘杆作业法作业人员及工器具配置见表 3-5。

表 3-5　　“上”字型铁塔斗臂车绝缘杆作业法作业人员及工器具配置

序号	名称	型号	数量	备注
1	斗内电工	—	2	斗臂车绝缘杆法
2	地面电工	—	2	
3	工作负责人	—	1	
4	绝缘斗臂车	35kV	1	斗臂车绝缘杆法
5	绝缘手套	35kV	2	
6	直线卡具＋三轮绝缘滑车组	—	1	
7	手工工具	—	1	整套
8	后备保护绳	35kV	1	
9	拔销杆 取瓶器 自动保险绝缘滑车 绝缘杆挂架 绝缘传递绳（配绝缘钩） 导线遮蔽隔板（挂点区别） 碗头固定扶正器	35kV	1	整套

3. 地电位绝缘杆作业法

（1）作业位置。采用绝缘杆登杆作业，作业人员一般位于杆塔或横担的地电位处，需要与带电体保持足够的安全距离。若是需要在人员位于横担处安装提线装置，宜在横担侧第一片绝缘子上方安装绝缘挡板，以隔离作业人员与导线。当作业人员位于下层横担时应保持蹲姿，并对上方导线进行绝缘遮蔽。在使用绝缘操作杆时，位于塔身处的地电位作业人员应严格控制手部与带电体的距离，确保最小安全距离不会被逾越。

当作业对象为上层导线时，由于导线距离侧面塔身最小间隙为 1m，作业人员的身体不宜位于铁塔靠近导线的一面。

“上”字型铁塔地电位绝缘杆作业法如图 3-17 所示。

（2）绝缘遮蔽措施。采用地电位绝缘杆作业法时，作业人员远离带电体使用操作杆进行操作，因此不需要进行绝缘遮蔽。但是当绝缘操作杆无法完成全部操作工序，需要作业人员在横担处进行安装操作时，应当对上方导线带电和下方导线进行绝缘隔离。

（3）主要操作步骤及工器具配置。

1）登杆电工检查登杆工具和绝缘防护用具，穿戴绝缘靴、绝缘手套、绝缘安全帽及其他绝缘防护用具。

2）登杆电工携带绝缘传递绳登杆至适当位置（1 号电工位于横担处，2 号电工位于与导线等高的杆塔塔身处），并系好安全带。

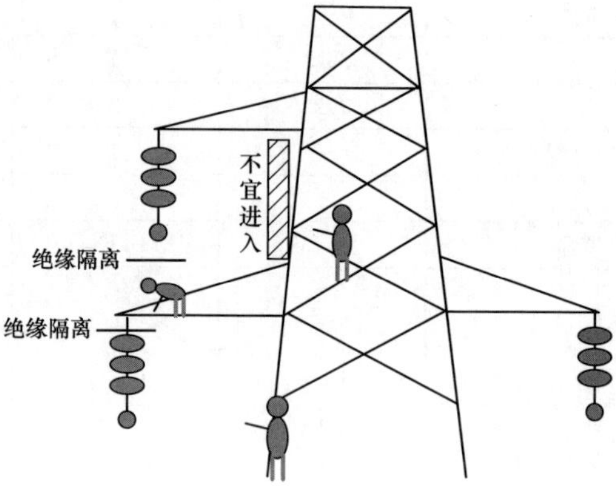

图 3-17 “上”字型铁塔地电位绝缘杆作业法示意图

3）地面电工使用绝缘传递绳将绝缘操作杆、绝缘隔板、绝缘杆挂架逐次传给杆上电工。1 号电工将绝缘隔板安装在横担侧第一片绝缘子处。1 号电工配合 2 号电工安装好导线后备保护绳。若横担作业位置人员上方存在导线，则还需对上方导线进行绝缘隔离。

4）地面电工将卡具、绝缘滑车组、绝缘绳组装好后传至杆上电工，杆上 1 号电工在适当的位置将其安装在横担上。2 号电工使用绝缘操作杆将绝缘拉杆一端的导线保护钩固定在导线侧并自锁。

5）地面电工将绝缘绳索预收紧后，检查卡具和滑车组各部件的受力情况，确认牢固后，收紧绝缘绳索直至绝缘子串松弛。

6）经工作负责人同意，2 号电工通过拔销杆取出碗头紧销，摘开球碗连接，使用取瓶器将绝缘子串脱离导线。

7）1 号电工将旧绝缘子串横担侧连接断开，并通过绝缘绳将旧绝缘子串传递至地面，地面电工将新绝缘子串传递至杆上。

8）1 号电工将新绝缘子串与横担连接后，2 号电工通过碗头扶正器、取瓶器、绝缘操作杆等将绝缘子串与悬垂线夹的连接恢复。

9）拆除直线卡具、滑车组、绝缘绳索、导线后备保护绳并传递至地面。

10）更换作业完成后，杆上电工检查确认杆塔上无遗留物、设备恢复原状后，报经工作负责人同意后返回地面，清理工具和现场，工作负责人清点工器具。

“上”字型铁塔地电位绝缘杆作业法作业人员及工器具配置见表 3-6。

表 3-6　“上”字型铁塔地电位绝缘杆作业法作业人员及工器具配置

序号	名称	型号	数量	备注
1	杆上电工	—	2	
2	地面电工	—	2	
3	工作负责人	—	1	
4	绝缘手套	35kV	2	
5	直线卡具＋三轮绝缘滑车组	—	1	
6	手工工具	—	1	整套
7	后备保护绳	35kV	1	
8	拔销杆 取瓶器 自动保险绝缘滑车 绝缘杆挂架 绝缘传递绳（配绝缘钩） 导线遮蔽隔板（挂点区别） 碗头固定扶正器	35kV	1	整套
9	绝缘隔板	35kV	2	

3.2.1.3 “上”字型水泥杆

1. 绝缘手套作业法

当杆塔位于村庄、市郊等绝缘斗臂车能够到达的区域时，可以采用绝缘手套作业法进行作业。“上”字型水泥杆绝缘手套作业法如图 3-18 所示。

（1）作业位置。“上”字型水泥杆与“上”字型铁塔的塔头结构较为类似，作业人员应位于导线的外侧，不宜进入导线和杆塔之间的区域。当对上层导线作业时，应注意工作斗与下方横担的距离；在下层导线作业时，应注意拉线与工作斗的距离。

（2）绝缘遮蔽措施。绝缘遮蔽对象为边相导线、直线绝缘子和绝缘子上方横担。斗内作业人员位于导线处作业时，其头部不应超过导线侧第一片绝缘子；位于横担处作业时，则其手部不应超过横担侧第一片绝缘子；若是在上层导线作业，还需对下方横担进行绝缘遮蔽。

（3）主要操作步骤及工器具配置。

1）1 号电工和 2 号电工穿戴绝缘靴（鞋套）、绝缘手套、绝缘安全帽、绝缘服（袖套）等全套个人防护用具，互相检查穿戴情况。

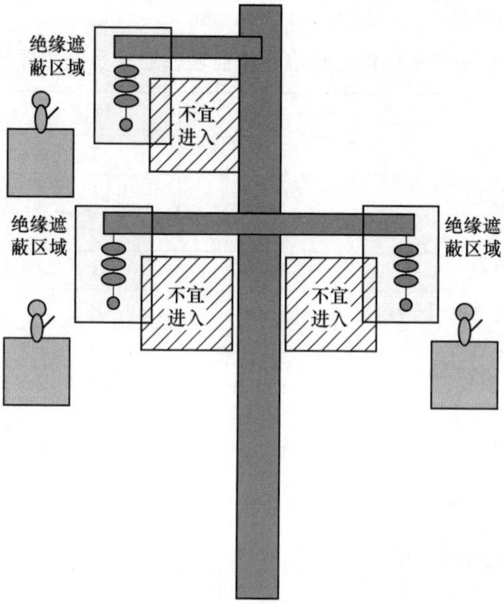

图 3-18 “上”字型水泥杆绝缘手套作业法示意图

2）根据不同杆塔形式和相别，绝缘斗臂车电工检查确认斗臂车支撑脚稳固，检查操作系统升降、回转、制动、接地连接等情况，将斗臂车定位于最适合于作业的位置，并向工作负责人汇报。

3）1 号电工和 2 号电工进入绝缘斗，将作业用工具、材料、绝缘隔离用具等放入绝缘斗内，工具和隔离用具应分类放置在工具袋中，安全带系挂在斗内挂钩上。

4）1 号电工操作工作斗进入作业位置（边相导线外侧或中相导线下方）。首先用绝缘毯对导线进行绝缘遮蔽，防振锤部位要包裹严密，并用绝缘夹夹紧以防脱落；再对悬垂线夹、绝缘子串、横担依次分别用绝缘毯进行包扎遮蔽，并用绝缘夹夹紧。

5）绝缘隔离措施完成后，斗内电工操作提升绝缘斗至横担附近，将导线保护钩首先固定在横担上，再将另一侧挂在导线上且自锁住导线。高强度保护绝缘绳的长度控制在 0.7m 左右。

6）斗内电工将横担侧直线卡安装稳固，并将丝杆和绝缘拉杆连接并通过导线保护钩固定在导线侧。待卡具组装完毕后，开始进行预收紧并检查各部件是否牢固。

7）在工作负责人的指挥下，斗内电工收紧丝杆将导线垂直荷重转移至绝缘拉杆，使绝缘子串松弛。

8）1 号电工检查工具各受力部件，冲击试验确认无问题后，经工作负责人同意，解开悬垂线夹的绝缘隔离，上、下配合取出碗头紧销，摘开球碗连接，使绝缘子串脱离导线，将裸露部分导线重新绝缘隔离。

9）1 号电工解开绝缘子串的绝缘隔离，绑扎好并摘开绝缘子串横担连接，将旧的绝缘子串放下，同时新绝缘子串跟随至工作位置。传递中注意控制好空中上、下两串绝缘子串的位置，防止发生相互碰撞。

10）斗内电工松弛丝杆，将绝缘子串与悬垂线夹的连接恢复，并将悬垂线夹重新绝缘隔离。

11）1 号电工操作拆除直线卡具、导线后备保护绳并传递至地面。

12）更换作业完成后，经工作负责人同意，斗内电工按“先远后近、先上后下”的原则，按逆顺序分别拆除各类绝缘隔离措施。

13）斗内电工检查确认杆塔上无遗留物、设备恢复原状后，报经工作负责人同意后，斗内辅助电工操作绝缘斗返回地面，清理工具和现场，工作负责人清点工器具。

图 3-19　更换直线绝缘子工具示意图
（拉杆类工具）

更换直线绝缘子工具如图 3-19 所示，“上”字型水泥杆绝缘手套作业法作业人员及工器具配置见表 3-7。

表 3-7　“上”字型水泥杆绝缘手套作业法作业人员及工器具配置

序号	名称	型号	数量	备注
1	斗内电工	—	2	
2	地面电工	—	2	

续表

序号	名称	型号	数量	备注
3	工作负责人	—	1	
4	绝缘斗臂车	35kV	1	
5	绝缘手套	35kV	2	
6	绝缘袖套	35kV	2	
7	导线遮蔽用具	35kV	若干	
8	绝缘毯	35kV	若干	
9	直线卡具＋丝杆＋拉棒	—	1	
10	手工工具	—	1	整套
11	后备保护绳	35kV	1	

2. 斗臂车绝缘杆作业法

“上”字型水泥杆斗臂车绝缘杆作业法如图 3-20 所示。

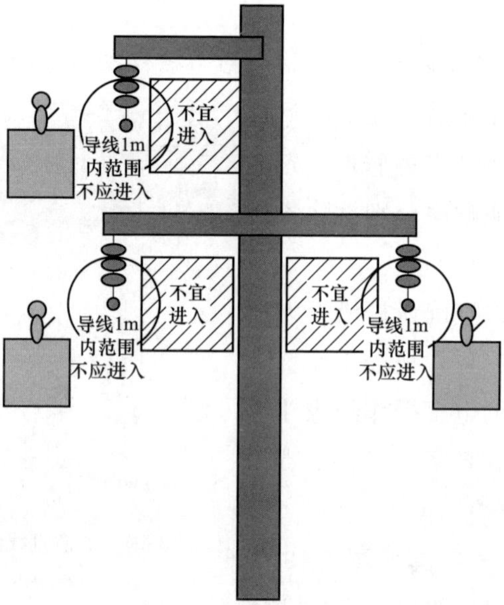

图 3-20 “上”字型水泥杆斗臂车绝缘杆作业法示意图

(1) 作业位置。采用斗臂车绝缘杆作业法时，作业人员的作业位置与绝缘手套作业法类似，只需考虑与横担和侧面塔身的安全距离。若提线装置的安装不能全部使用绝缘杆进行操作，则应按照绝缘手套作业法进行有效绝缘遮蔽和防护。作业人员需要与带电体保持 1m 以上的安全距离。

（2）绝缘遮蔽措施。采用斗臂车绝缘杆作业法时，作业人员远离带电体使用操作杆进行操作，因此不需要进行绝缘遮蔽。

（3）主要操作步骤及工器具配置。

1）1 号电工和 2 号电工穿戴绝缘靴（鞋套）、绝缘手套、绝缘安全帽等个人防护用具，互相检查穿戴情况。

2）根据不同杆塔形式和相别，绝缘斗臂车电工检查确认斗臂车支撑脚稳固，检查操作系统升降、回转、制动、接地连接等情况，将斗臂车定位于最适合于作业的位置，并向工作负责人汇报。

3）1 号电工和 2 号电工进入绝缘斗，将作业用工具、材料、绝缘隔离用具等放入绝缘斗内，工具和隔离用具应分类放置在工具袋中，安全带系挂在斗内挂钩上。

4）1 号电工操作工作斗进入作业位置（边相导线外侧或中相导线下方），并与带电体保持不小于 1m 的安全距离。斗内电工操作提升绝缘斗至横担附近，将导线保护钩首先固定在横担上，再使用绝缘操作杆将另一侧挂在导线上且自锁住导线。高强度保护绝缘绳的长度控制在 0.7m 左右。

5）斗内电工将横担侧直线卡安装稳固，并将丝杆和绝缘拉杆连接并通过绝缘杆控制导线保护钩固定在导线侧。待卡具组装完毕后，开始进行预收紧并检查各部件是否牢固。在横担处作业时，应严格控制工作斗位置，确保安全距离足够。

6）在工作负责人的指挥下，斗内电工收紧丝杆将导线垂直荷重转移至绝缘拉杆，使绝缘子串松弛。

7）1 号电工检查工具各受力部件，冲击试验确认无问题后，经工作负责人同意，通过拔销杆取出碗头紧销，摘开球碗连接，使用取瓶器将绝缘子串脱离导线。

8）1 号电工绑扎好并摘开绝缘子串横担连接，将旧的绝缘子串放下，同时新绝缘子串跟随至工作位置。传递中注意控制好空中上、下两串绝缘子串的位置，防止发生相互碰撞。

9）斗内电工松弛丝杆，使用碗头扶正器、取瓶器、绝缘操作杆等将绝缘子串与悬垂线夹连接恢复。

10）1 号电工拆除直线卡具、导线后备保护绳并传递至地面。

11）更换作业完成后，斗内电工检查确认杆塔上无遗留物、设备恢复原状后，报经工作负责人同意后，斗内辅助电工操作绝缘斗返回地面，清理工具和现场，工作负责人清点工器具。

“上”字型水泥杆斗臂车绝缘杆作业法作业人员及工器具配置见表 3-8。

表 3-8　“上”字型水泥杆斗臂车绝缘杆作业法作业人员及工器具配置

序号	名称	型号	数量	备注
1	斗内电工	—	2	斗臂车绝缘杆法
2	地面电工	—	2	
3	工作负责人	—	1	
4	绝缘斗臂车	35kV	1	斗臂车绝缘杆法
5	绝缘手套	35kV	2	
6	直线卡具＋丝杆＋拉杆	—	1	
7	手工工具	—	1	整套
8	后备保护绳	35kV	1	
9	拔销杆 取瓶器 自动保险绝缘滑车 绝缘杆挂架 绝缘传递绳（配绝缘钩） 导线遮蔽隔板（挂点区别） 碗头固定扶正器	35kV	1	整套

3. 地电位绝缘杆作业法

“上”字型水泥杆地电位绝缘杆作业法如图 3-21 所示。

（1）作业位置。采用绝缘杆登杆作业，作业人员需要进入导线上方横担以及导线登高处塔身上进行操作。由于水泥杆上层与下层横担距离较近，且横担较窄，在进入上、下层横担时需要在横担处放置绝缘平台，以便人员在上面移动。若在下层横担作业，上方为上层导线时，作业人员应对上方导线进行绝缘隔离，或者采用适当措施偏转上方导线，扩大与带电体间的距离。若在上层导线作业，导线登高处杆上电工不宜进入杆塔与导线之间的位置，建议在反方向横担上或杆塔上进行操作。

（2）绝缘遮蔽措施。采用地电位绝缘杆作业法时，作业人员远离带电体使用绝缘操作杆进行操作，因此不需要进行绝缘遮蔽。但是当绝缘操作杆无法完成全部操作工序，需要作业人员在横担处进行安装操作时，应当对上方导线带电和下方导线进行绝缘隔离。

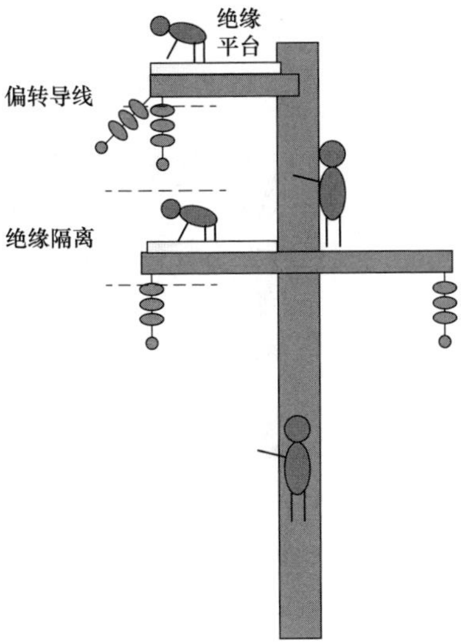

图 3-21 "上"字型水泥杆地电位绝缘杆作业法示意图

（3）主要操作步骤及工器具配置。

1）登杆电工检查登杆工具和绝缘防护用具，穿戴绝缘靴、绝缘手套、绝缘安全帽及其他绝缘防护用具。

2）登杆电工携带绝缘传递绳登杆至适当位置（1 号电工位于横担处，2 号电工位于与导线等高的杆塔塔身处），并系好安全带。

3）地面电工使用绝缘传递绳将绝缘杆挂架、绝缘操作杆、绝缘隔板、绝缘平台逐次传给杆上电工。1 号电工将绝缘平台安装在横担处，然后将绝缘隔板安装在横担侧第一片绝缘子处和上方导线处（隔板距导线 0.4m）。1 号电工配合 2 号电工安装好导线后备保护绳。

4）地面电工将卡具传至杆上电工，杆上 1 号电工在适当的位置将其安装在横担上。2 号电工使用绝缘操作杆将绝缘拉杆一端的导线保护钩固定在导线侧并自锁。

5）1 号电工将丝杆预收紧后，检查卡具各部件的受力情况，确认牢固后，收紧丝杆直至绝缘子串松弛。

6）经工作负责人同意，2 号电工通过拔销杆取出碗头紧销，摘开球碗连接，使用取瓶器将绝缘子串脱离导线。

7）1 号电工将旧绝缘子串横担侧连接断开，并通过绝缘绳将旧绝缘子串传递至地面，地面电工将新绝缘子串传递至杆上。

8）1 号电工将新绝缘子串与横担连接后，2 号电工通过碗头扶正器、取瓶器、绝缘操作杆等将绝缘子串与悬垂线夹的连接恢复。

9）拆除直线卡具、导线后备保护绳并传递至地面。

10）更换作业完成后，杆上电工检查确认杆塔上无遗留物、设备恢复原状后，报经工作负责人同意后返回地面，清理工具和现场，工作负责人清点工器具。

直线绝缘子外撑工具如图 3-22 所示。“上”字型水泥杆地电位绝缘杆作业法作业人员及工器具配置见表 3-9。

图 3-22　直线绝缘子外撑工具示意图

表 3-9　“上”字型水泥杆地电位绝缘杆作业法作业人员及工器具配置

序号	名称	型号	数量	备注
1	杆上电工	—	2	登杆绝缘杆法
2	地面电工	—	2	
3	工作负责人	—	1	
4	绝缘手套	35kV	2	
5	直线卡具＋丝杆＋拉杆	—	1	
6	手工工具	—	1	整套
7	后备保护绳	35kV	1	
8	拔销杆 取瓶器 自动保险绝缘滑车 绝缘杆挂架 绝缘传递绳（配绝缘钩） 导线遮蔽隔板（挂点区别） 碗头固定扶正器	35kV	1	整套
9	绝缘隔板	35kV	2	
10	绝缘平台	35kV	2	

3.2.1.4 猫头直线塔

由于猫头直线塔导线离地面高度较高，且多位于山区，不适合绝缘斗臂车进入，同时中相塔窗作业环境狭小，不适合工作斗进入；因此，主要使用地电位绝缘杆作业法进行更换绝缘子作业。

猫头直线塔地电位绝缘杆作业法如图 3-23 所示。

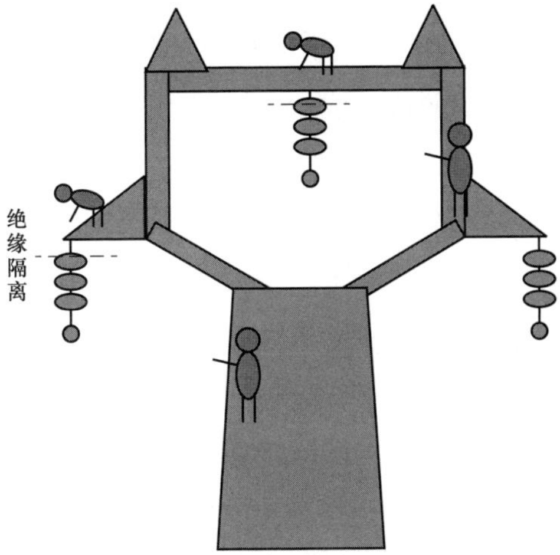

图 3-23 猫头直线塔地电位绝缘杆作业法示意图

（1）作业位置。采用登塔进行地电位绝缘杆作业法作业时，由于猫头塔塔头间隙较大，因此作业人员可以在塔身和横担处进行操作。在导线正上方横担处作业时，应注意作业人员与下方导线的间距，宜采用绝缘挡板作为隔离措施。

（2）绝缘遮蔽措施。采用地电位绝缘杆作业法时，作业人员距离带电体较远，因此不需要进行绝缘遮蔽；仅在横担处作业时，应考虑对下方导线进行绝缘隔离。

（3）主要操作步骤及工器具配置。

1）登杆电工检查登杆工具和绝缘防护用具，穿戴绝缘靴、绝缘手套、绝缘安全帽及其他绝缘防护用具。

2）登杆电工携带绝缘传递绳登杆至适当位置（1 号电工位于横担处，2 号电工位于与导线等高的杆塔塔身处），并系好安全带。

3）地面电工使用绝缘传递绳将绝缘操作杆、绝缘隔板、绝缘杆挂架逐次传给杆上电工。1 号电工将绝缘隔板安装在横担侧第一片绝缘子处。1 号电工配合 2 号电工安装好导线后备保护绳。若横担作业位置人员上方存在导线，则还需对上方导线进行绝缘隔离。

4）地面电工将卡具、绝缘滑车组、绝缘绳组装好后传至杆上电工，杆上 1 号电工在适当的位置将其安装在横担上。2 号电工使用绝缘操作杆将绝缘拉杆一端的导线保护钩固定在导线侧并自锁。

5）地面电工将绝缘绳索预收紧后，检查卡具和滑车组各部件的受力情况，确认牢固后，收紧绝缘绳索直至绝缘子串松弛。

6）经工作负责人同意，2 号电工通过拔销杆取出碗头紧销，摘开球碗连接，使用取瓶器将绝缘子串脱离导线。

7）1 号电工将旧绝缘子串横担侧连接断开，并通过绝缘绳将旧绝缘子串传递至地面，地面电工将新绝缘子串传递至杆上。

8）1 号电工将新绝缘子串与横担连接后，2 号电工通过碗头扶正器、取瓶器、绝缘操作杆等将绝缘子串与悬垂线夹的连接恢复。

9）拆除直线卡具、滑车组、绝缘绳索、导线后备保护绳并传递至地面。

10）更换作业完成后，杆上电工检查确认杆塔上无遗留物、设备恢复原状后，报经工作负责人同意后返回地面，清理工具和现场，工作负责人清点工器具。

猫头直线塔地电位绝缘杆作业法作业人员及工器具配置见表 3-10。

表 3-10　　猫头直线塔地电位绝缘杆作业法作业人员及工器具配置

序号	名称	型号	数量	备注
1	杆上电工	—	2	
2	地面电工	—	2	
3	工作负责人	—	1	
4	绝缘手套	35kV	2	
5	直线卡具+三轮绝缘滑车组	—	1	
6	手工工具	—	1	整套
7	后备保护绳	35kV	1	
8	拔销杆 取瓶器 自动保险绝缘滑车 绝缘杆挂架 绝缘传递绳（配绝缘钩） 导线遮蔽隔板（挂点区别） 碗头固定扶正器	35kV	1	整套
9	绝缘隔板	35kV	2	

3.2.1.5 双回直线塔

1. 绝缘手套作业法

采用绝缘斗臂车载人进入作业位置时，考虑垂直分布的三相导线距离地面的高度和斗臂车的最大作业高度，一般适用于下层绝缘子的更换。双回直线塔绝缘手套作业法如图 3-24 所示。

（1）作业位置。考虑绝缘工作斗的尺寸和杆塔作业间隙的相互关系，作业人员应位于导线的外侧，不宜进入导线和杆塔之间的区域。若在下层横担处作业，则需注意与中层导线的间距。

（2）绝缘遮蔽措施。绝缘遮蔽对象主要为导线、横担和绝缘子。当在导线处作业时，应在导线侧第一片绝缘子下方安装隔离挡板；当在横担处作业时，应在横担侧第一片绝缘子上方安装隔离挡板，避免作业人员误触不同电位物体。

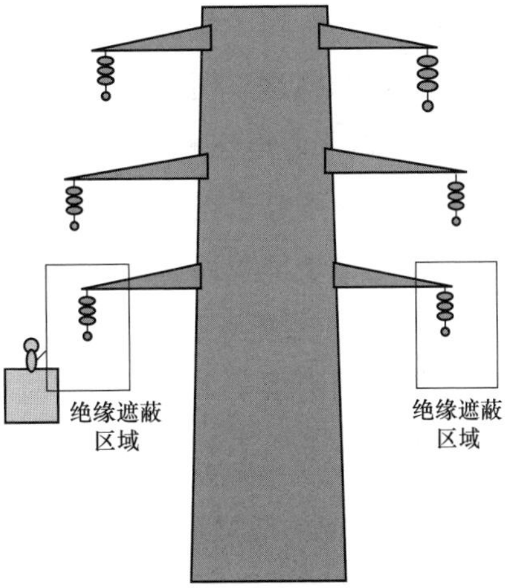

图 3-24 双回直线塔绝缘手套作业法示意图

（3）主要操作步骤及工器具配置。

1）1 号电工和 2 号电工穿戴绝缘靴（鞋套）、绝缘手套、绝缘安全帽、绝缘服（袖套）等全套个人防护用具，互相检查穿戴情况。

2）根据不同杆塔形式和相别，绝缘斗臂车电工检查确认斗臂车支撑脚稳固，检查操作系统升降、回转、制动、接地连接等情况，将斗臂车定位于最适合于作业的位置，并向工作负责人汇报。

3）1 号电工和 2 号电工进入绝缘斗，将作业用工具、材料、绝缘隔离用具等放入绝缘斗内，工具和隔离用具应分类放置在工具袋中，安全带系挂在斗内挂钩上。

4）1 号电工操作工作斗进入作业位置（导线外侧）。首先用绝缘毯对导线进行绝缘遮蔽，防振锤部位要包裹严密，并用绝缘夹夹紧以防脱落；再对悬垂线夹、绝缘子串、横担依次分别用绝缘毯进行包扎遮蔽，并用绝缘夹夹紧。若是在上层导线作业，则还需对下层横担进行绝缘遮蔽。

5）绝缘隔离措施完成后，斗内电工操作提升绝缘斗至横担附近，将导线保护钩首先固定在横担上，再将另一侧挂在导线上且自锁住导线。高强度保护绝缘绳的长度控制在 0.7m 左右。

6）斗内电工将横担侧直线卡安装稳固，并将已连接好的滑车组一侧固定在直线卡具上，另一侧通过导线保护钩自锁住导线。

7）待卡具组装完毕后，地面电工通过绝缘绳索开始进行预收紧并检查各部件是否牢固。在工作负责人的指挥下，地面电工收紧绝缘绳索将导线垂直荷重转移至绝缘绳索，使绝缘子串松弛。

8）斗内 1 号电工检查工具各受力部件，冲击试验确认无问题后，经工作负责人同意，解开悬垂线夹的绝缘隔离，上、下配合取出碗头紧销，摘开球碗连接，使绝缘子串脱离导线，将裸露部分导线重新绝缘隔离。

9）斗内 1 号电工解开绝缘子串的绝缘隔离，绑扎好并摘开绝缘子串横担连接，将旧的绝缘子串放下，同时新绝缘子串跟随至工作位置。传递中注意控制好空中上、下两串绝缘子串的位置，防止发生相互碰撞。

10）地面电工松弛绝缘绳，将绝缘子串与悬垂线夹的连接恢复，并将悬垂线夹重新绝缘隔离。

11）1 号电工操作拆除直线卡具、导线后备保护绳并传递至地面。

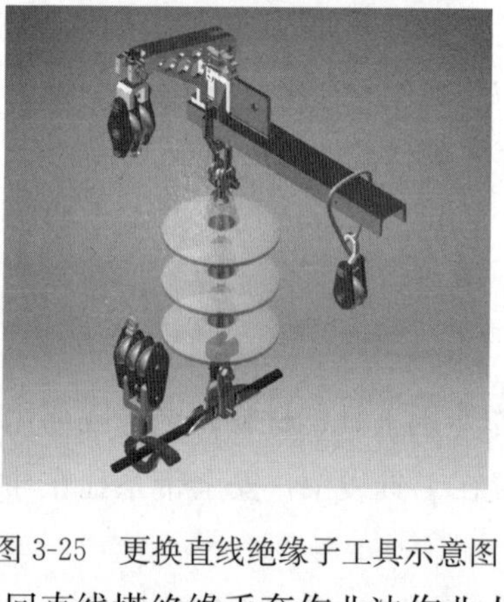

图 3-25　更换直线绝缘子工具示意图

12）更换作业完成后，经工作负责人同意，斗内电工按“先远后近、先上后下”的原则，按逆顺序分别拆除各类绝缘隔离措施。

13）斗内电工检查确认杆塔上无遗留物、设备恢复原状后，报经工作负责人同意后，斗内辅助电工操作绝缘斗返回地面，清理工具和现场，工作负责人清点工器具。

更换直线绝缘子工具如图 3-25 所示。双回直线塔绝缘手套作业法作业人员及工器具配置见表 3-11。

表 3-11　　双回直线塔绝缘手套作业法作业人员及工器具配置

序号	名称	型号	数量	备注
1	斗内电工	—	2	
2	地面电工	—	2	

续表

序号	名称	型号	数量	备注
3	工作负责人	—	1	
4	绝缘斗臂车	35kV	1	
5	绝缘手套	35kV	2	
6	绝缘袖套	35kV	2	
7	导线遮蔽用具	35kV	若干	
8	绝缘毯	35kV	若干	
9	直线卡具＋三轮绝缘滑车组	—	1	
10	手工工具	—	1	整套
11	后备保护绳	35kV	1	

2. 斗臂车绝缘杆作业法

双回直线塔斗臂车绝缘杆作业法如图 3-26 所示。

（1）作业位置。采用斗臂车绝缘杆作业法时，作业人员的作业位置与绝缘手套作业法类似，只能在下层导线作业。由于作业人员采用绝缘杆在斗内进行远程作业，因此作业人员只需穿戴绝缘手套作为后备保护即可。除了绝缘子串与侧面塔身之间的区域不宜进入外，斗内作业人员还应当与带电导线保持 1m 以上的距离。

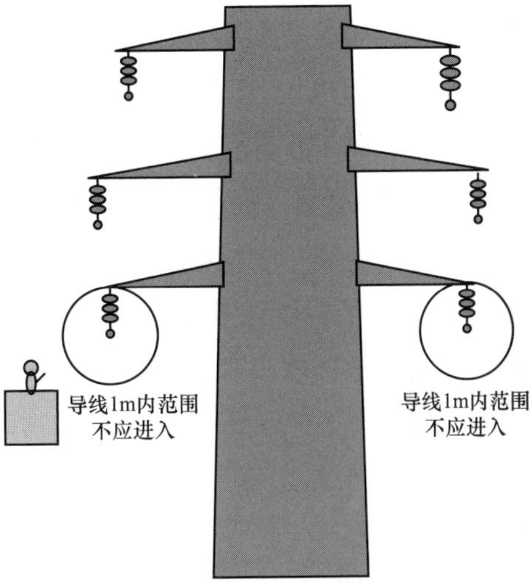

图 3-26　双回直线塔斗臂车绝缘杆作业法示意图

（2）绝缘遮蔽措施。采用斗臂车绝缘杆作业法时，作业人员远离带电体使用操作杆进行操作，因此不需要进行绝缘遮蔽。但是当绝缘操作杆无法完成全部操作工序，需要作业人员在横担处进行安装操作时，应当对上方带电导线进行绝缘遮蔽，对下方导线进行绝缘隔离。

（3）主要操作步骤及工器具配置。

1）1 号电工和 2 号电工穿戴绝缘靴（鞋套）、绝缘手套、绝缘安全帽等个人防护用具，互相检查穿戴情况。

2）根据不同杆塔形式和相别，绝缘斗臂车电工检查确认斗臂车支撑脚稳固，检查操作系统升降、回转、制动、接地连接等情况，将斗臂车定位于最适合于作业的位置，并向工作负责人汇报。

3）1 号电工和 2 号电工进入绝缘斗，将作业用工具、材料、绝缘隔离用具等放入绝缘斗内，工具和隔离用具应分类放置在工具袋中，安全带系挂在斗内挂钩上。绝缘滑车组及其绳索应预先安装好。

4）1 号电工操作工作斗进入作业位置（导线外侧）并与带电体保持不小于 1m 的安全距离。斗内电工操作提升绝缘斗至横担附近，将导线保护钩首先固定在横担上，再使用绝缘操作杆将另一侧挂在导线上且自锁住导线。高强度保护绝缘绳的长度控制在 0.7m 左右。

5）斗内电工将横担侧直线卡安装稳固，并通过绝缘操作杆将已连接好的滑车组一侧固定在直线卡具上，另一侧通过导线保护钩自锁住导线。待卡具组装完毕后，地面电工开始进行预收紧并检查各部件是否牢固。在横担处作业时，应严格控制工作斗位置，确保安全距离足够。

6）在工作负责人的指挥下，地面电工收紧绝缘绳将导线垂直荷重转移至绝缘绳索，使绝缘子串松弛。

7）1 号电工检查工具各受力部件，冲击试验确认无问题后，经工作负责人同意，通过拔销杆取出碗头紧销，摘开球碗连接，使用取瓶器将绝缘子串脱离导线。

8）1 号电工绑扎好并摘开绝缘子串横担连接，将旧的绝缘子串放下，同时新绝缘子串跟随至工作位置。传递中注意控制好空中上、下两串绝缘子串的位置，防止发生相互碰撞。

9）斗内电工松弛丝杆，使用碗头扶正器、取瓶器、绝缘操作杆等将绝缘子串与悬垂线夹的连接恢复。

10）1 号电工拆除直线卡具、绝缘滑车组、导线后备保护绳并传递至地面。

11）更换作业完成后，斗内电工检查确认杆塔上无遗留物、设备恢复原状后，报经工作负责人同意后，斗内辅助电工操作绝缘斗返回地面，清理工具和现场，工作负责人清点工器具。

双回直线塔斗臂车绝缘杆作业法作业人员及工器具配置见表 3-12。

表 3-12　　双回直线塔斗臂车绝缘杆作业法作业人员及工器具配置

序号	名称	型号	数量	备注
1	斗内电工	—	2	斗臂车绝缘杆法
2	地面电工	—	2	
3	工作负责人	—	1	
4	绝缘斗臂车	35kV	1	斗臂车绝缘杆法
5	绝缘手套	35kV	2	
6	直线卡具＋三轮绝缘滑车组	—	1	
7	手工工具	—	1	整套
8	后备保护绳	35kV	1	
9	拔销杆 取瓶器 自动保险绝缘滑车 绝缘杆挂架 绝缘传递绳（配绝缘钩） 导线遮蔽隔板（挂点区别） 碗头固定扶正器	35kV	1	整套

3. 地电位绝缘杆作业法

双回直线塔地电位绝缘杆作业法如图 3-27 所示。

（1）作业位置。采用绝缘杆登杆作业，作业人员一般位于杆塔或横担的地电位处，需要与带电体保持足够的安全距离。若是需要在人员位于横担处安装提线装置，宜在横担侧第一片绝缘子上方安装绝缘挡板，以隔离作业人员与导线。当作业人员位于下层横担时应保持蹲姿，并对上方导线进行绝缘遮蔽。在使用绝缘操作杆时，位于塔身处的地电位作业人员应严格控制手部与带电体的距离，确保最小安全距离不会被逾越。

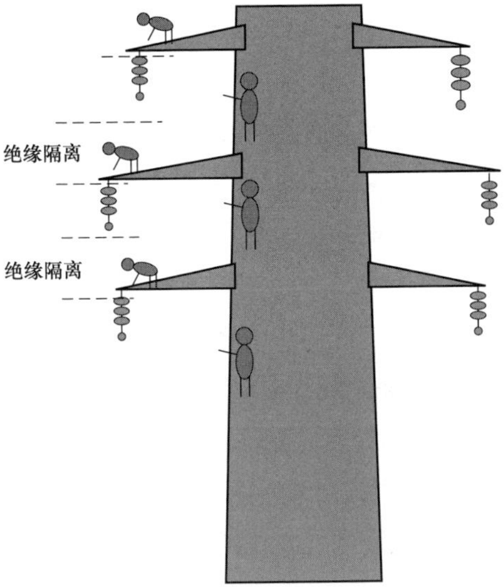

图 3-27　双回直线塔地电位绝缘杆作业法示意图

（2）绝缘遮蔽措施。当采用绝缘杆作业法时，作业人员远离带电体使用绝缘操作杆进行操作，因此不需要进行绝缘遮蔽。但是当绝缘操作杆无法完成全部操作工序，需要作业人员在横担处进行安装操作时，应当对上方导线带电和下方导线进行绝缘隔离。

（3）主要操作步骤及工器具配置。

1）登杆电工检查登杆工具和绝缘防护用具，穿戴绝缘靴、绝缘手套、绝缘安全帽及其他绝缘防护用具。

2）登杆电工携带绝缘传递绳登杆至适当位置（1 号电工位于横担处，2 号电工位于与导线等高的杆塔塔身处），并系好安全带。

3）地面电工使用绝缘传递绳将绝缘操作杆、绝缘隔板、绝缘杆挂架逐次传给杆上电工。1 号电工将绝缘隔板安装在横担侧第一片绝缘子处。1 号电工配合 2 号电工安装好导线后备保护绳。若横担作业位置人员上方存在导线，则还需对上方导线进行绝缘隔离。

4）地面电工将卡具、绝缘滑车组、绝缘绳组装好后传至杆上电工，杆上 1 号电工在适当的位置将其安装在横担上。2 号电工使用绝缘操作杆将绝缘拉杆一端的导线保护钩固定在导线侧并自锁。

5）地面电工将绝缘绳索预收紧后，检查卡具和滑车组各部件的受力情况，确认牢固后，收紧绝缘绳索直至绝缘子串松弛。

6）经工作负责人同意，2 号电工通过拔销杆取出碗头紧销，摘开球碗连接，使用取瓶器将绝缘子串脱离导线。

7）1 号电工将旧绝缘子串横担侧连接断开，并通过绝缘绳将旧绝缘子串传递至地面，地面电工将新绝缘子串传递至杆上。

8）1 号电工将新绝缘子串与横担连接后，2 号电工通过碗头扶正器、取瓶器、绝缘操作杆等将绝缘子串与悬垂线夹的连接恢复。

9）拆除直线卡具、滑车组、绝缘绳索、导线后备保护绳并传递至地面。

10）更换作业完成后，杆上电工检查确认杆塔上无遗留物、设备恢复原状后，报经工作负责人同意后返回地面，清理工具和现场，工作负责人清点工器具。

双回直线塔地电位绝缘杆作业法作业人员及工器具配置见表 3-13。

表 3-13　　双回直线塔地电位绝缘杆作业法作业人员及工器具配置

序号	名称	型号	数量	备注
1	杆上电工	—	2	

续表

序号	名称	型号	数量	备注
2	地面电工	—	2	
3	工作负责人	—	1	
4	绝缘手套	35kV	2	
5	直线卡具＋三轮绝缘滑车组	—	1	
6	手工工具	—	1	整套
7	后备保护绳	35kV	1	
8	拔销杆 取瓶器 自动保险绝缘滑车 绝缘杆挂架 绝缘传递绳（配绝缘钩） 导线遮蔽隔板（挂点区别） 碗头固定扶正器	35kV	1	整套
9	绝缘隔板	35kV	2	

3.2.2 耐张塔带电更换绝缘子

35kV线路带电更换耐张绝缘子主要采用绝缘手套法、斗臂车绝缘杆作业法以及地电位绝缘杆作业法，每一种杆塔的作业方式主要依据杆塔间隙和工器具的安装方式进行选择。双回和单回耐张塔的塔头间隙基本类似，因此采用的作业方法可以通用。

3.2.2.1 绝缘手套法

当杆塔位于村庄、市郊等绝缘斗臂车能够到达的区域时，或者能够采用绝缘平梯、绝缘软梯等绝缘平台将作业人员送至导线处，可以采用绝缘手套法进行作业。绝缘手套作业法更换耐张绝缘子作业如图3-28所示。

（1）作业位置。耐张塔塔头间隙较大，作业位置相对较为灵活，需要注意不应进入耐张引流线与杆塔之间。当工作斗在门型耐张塔的带电导线附近作业时，须注意控制工作斗与附近拉线的距离。

（2）绝缘遮蔽措施。绝缘遮蔽对象主要为导线、耐张绝缘子、横担、引流线。当在导线处作业时，应在导线侧第一片绝缘子安装隔离挡板，当在横担处作业时，应在横担侧第一片绝缘子安装隔离挡板，避免作业人员误触不同电位物体。

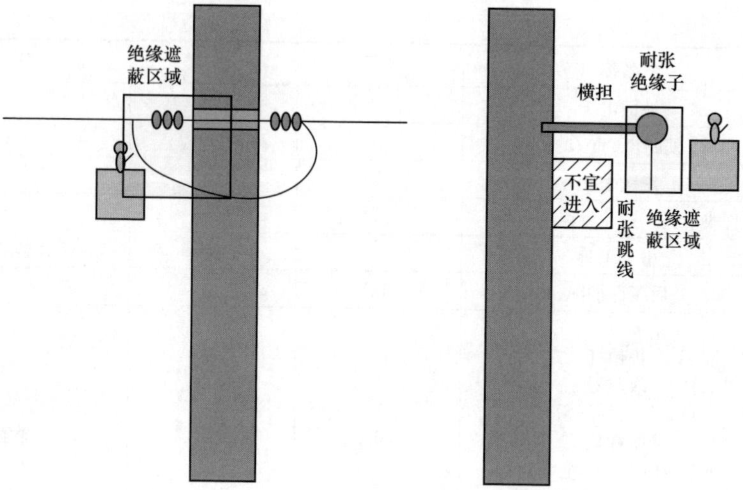

图 3-28　绝缘手套作业法更换耐张绝缘子作业示意图

（3）主要操作步骤及工器具配置。

1）斗内电工穿戴好绝缘防护用具，进入绝缘斗，挂好安全带保险钩。

2）斗内电工将工作斗调整至带电导线横担下侧适当位置，使用验电器对绝缘子、横担、塔身进行验电，确认无漏电现象。

3）斗内电工将绝缘斗调整到近边相导线外侧适当位置，按照“从近到远、从下到上，先带电体、后接地体”的遮蔽原则对作业范围内的导线、引流线、耐张绝缘子以及横担进行绝缘遮蔽。

4）斗内电工将绝缘斗调整到近边相导线外侧适当位置，先安装横担侧卡具，再安装导线侧卡具，连接好丝杆和拉棒。待整套卡具安装完毕后安装后备保护绳，并预收紧丝杆检查卡具受力情况。

5）地面负责人确认卡具以及后备保护绳安装牢固后，下达更换绝缘子指令。斗内电工收紧丝杆至耐张绝缘子串松弛，并拉紧后备保护绝缘绳套。

6）斗内电工脱开耐张线夹与耐张绝缘子串之间的弯头挂板，恢复耐张线夹处的绝缘遮蔽措施。

7）斗内电工拆除旧耐张绝缘子串，安装新耐张绝缘子串，并进行绝缘遮蔽。

8）斗内电工将耐张线夹与耐张绝缘子串连接安装好，恢复绝缘遮蔽。

9）斗内电工松开后备保护绝缘绳套并放松丝杆，使绝缘子串受力后，拆下紧线器、后备保护绳套及绝缘绳套。

10）工作结束后，按照“从远到近、从上到下，先接地体、后带电体”的原则拆除绝缘遮蔽。绝缘斗退出有电工作区域，作业人员返回地面。

更换耐张绝缘子工具如图 3-29 所示，耐张塔绝缘手套作业法作业人员及工器具配置见表 3-14。

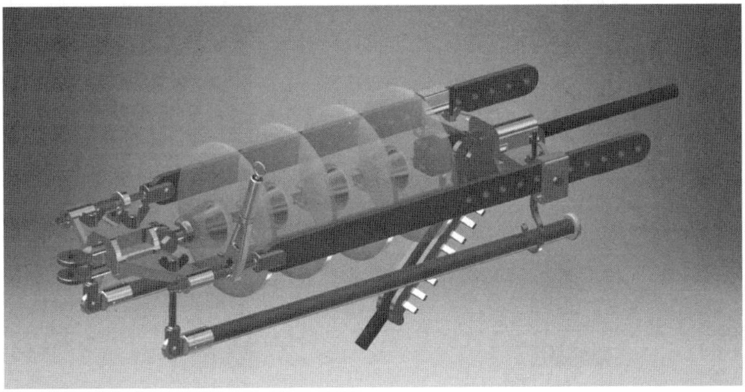

图 3-29 更换耐张绝缘子工具示意图

表 3-14 耐张塔绝缘手套作业法作业人员及工器具配置

序号	名称	型号	数量	备注
1	斗内电工	—	2	
2	地面电工	—	2	
3	工作负责人	—	1	
4	绝缘斗臂车	35kV	1	
5	绝缘手套	35kV	2	
6	绝缘袖套	35kV	2	
7	绝缘隔离挡板	35kV	1	
8	单串异形卡（前卡卡导线，后卡卡横担或 U 形环）+拉杆+丝杆 双串大刀卡（前卡卡联板，后卡卡联板）+拉杆+丝杆	—	1	
9	手工工具	—	1	整套
10	后备保护绳	35kV	1	

3.2.2.2 斗臂车绝缘杆作业法

斗臂车绝缘杆作业法更换耐张绝缘子作业如图 3-30 所示。

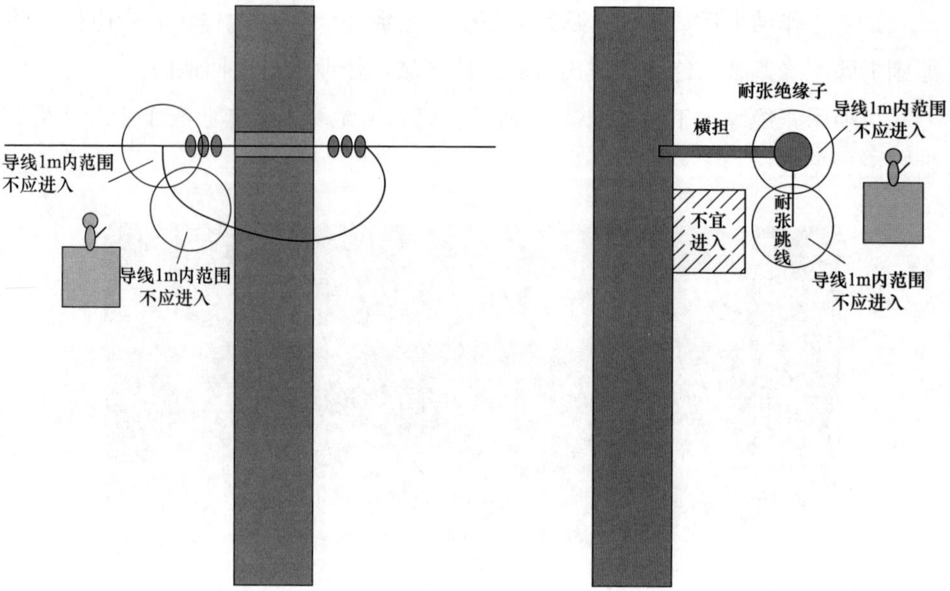

图 3-30　斗臂车绝缘杆作业法更换耐张绝缘子作业示意图

（1）作业位置。采用斗臂车绝缘杆作业法时，作业人员的作业位置与绝缘手套作业法类似，只需考虑与横担和侧面塔身的安全距离。若提线装置的安装不能全部使用绝缘杆进行操作，则应按照手套法进行有效绝缘遮蔽和防护。作业人员应与带电体保持 1m 以上的安全距离。

（2）绝缘遮蔽措施。采用斗臂车绝缘杆作业法时，作业人员远离带电体使用绝缘操作杆进行操作，主要考虑对上方导线和下方引流线进行绝缘隔离，确保安全间隙不会小于规定值。

（3）主要操作步骤及工器具配置。

1）斗内电工穿戴好绝缘防护用具，进入绝缘斗，挂好安全带保险钩。

2）斗内电工将工作斗调整至带电导线横担下侧适当位置，使用验电器对绝缘子、横担、塔身进行验电，确认无漏电现象。

3）斗内电工将绝缘斗调整到近边相导线外侧适当位置，若作业人员需要在横担处作业，则在横担侧第一片耐张绝缘子处安装隔离挡板。

4）斗内电工将绝缘斗调整到近边相导线外侧适当位置，使用绝缘操作杆先安装横担侧卡具，再安装导线侧卡具，连接好丝杆和拉棒。待整套卡具安装完毕后，安装后备保护绳，并预收紧丝杆检查卡具受力情况。

5）地面负责人确认卡具以及后备保护绳安装牢固后，下达更换绝缘子指令。斗内电工收紧丝杆至耐张绝缘子串松弛，并拉紧后备保护绝缘绳套。

6）内电工脱开耐张线夹与耐张绝缘子串之间的弯头挂板，使用绝缘绳索牵引耐张绝缘子串和托瓶挂架从水平旋转至垂直位置。

7）斗内电工拆除旧耐张绝缘子串与横担连接并通过绝缘绳传递至地面，地面电工将新绝缘子串传递回斗内。斗内电工按拆除的相反顺序将耐张线夹与耐张绝缘子串连接安装好。

8）斗内电工松开后备保护绝缘绳套并放松丝杆，使绝缘子串受力后，拆下紧线器、后备保护绳套及绝缘绳套。

9）工作结束后，拆除杆上设备。绝缘斗退出有电工作区域，作业人员返回地面。

“干”字型耐张塔斗臂车绝缘杆作业法作业人员及工器具配置见表 3-15。

表 3-15　“干”字型耐张塔斗臂车绝缘杆作业法作业人员及工器具配置

序号	名称	型号	数量	备注
1	斗内电工	—	2	斗臂车绝缘杆法
2	地面电工	—	2	
3	工作负责人	—	1	
4	绝缘斗臂车	35kV	1	斗臂车绝缘杆法
5	绝缘手套	35kV	2	
6	单串异形卡（前卡卡导线，后卡卡横担或 U 形环）＋拉杆＋丝杆 双串大刀卡（前卡卡联板，后卡卡联板）＋拉杆＋丝杆	—	1	全部为地电位操作
7	手工工具	—	1	整套
8	后备保护绳	35kV	1	
9	拔销杆 取瓶器 自动保险绝缘滑车 绝缘杆挂架 绝缘传递绳（配绝缘钩） 引流线遮蔽隔板 碗头固定扶正器 托瓶架 引流线支杆	35kV	1	整套

3.2.2.3 地电位绝缘杆作业法

地电位绝缘杆作业法更换耐张绝缘子作业如图 3-31 所示。

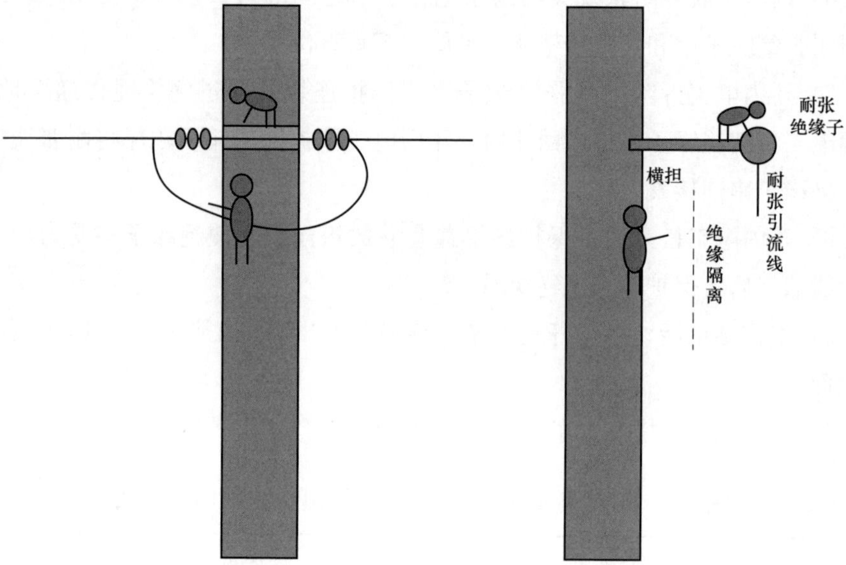

图 3-31 地电位绝缘杆作业法更换耐张绝缘子作业示意图

（1）作业位置。若采用绝缘杆登杆作业，作业人员一般位于杆塔或横担的地电位处，需要与带电体保持足够安全距离。若是需要在人员位于横担处安装紧线装置，宜在横担侧第一片绝缘子安装绝缘挡板，以隔离作业人员与导线。当作业人员位于下层横担时应保持蹲姿，并对上方导线进行绝缘遮蔽。

（2）绝缘遮蔽措施。当采用地电位绝缘杆作业法时，作业人员远离带电体使用绝缘操作杆进行操作，主要考虑对上方导线和下方引流线进行绝缘隔离，确保安全间隙不会小于规定值。

（3）主要操作步骤及工器具配置。

1）杆上电工穿戴好绝缘防护用具，挂好安全带保险钩开始攀爬杆塔，并在接近引流线 1m 范围外使用绝缘操作杆安装引流线隔离挡板。

2）杆上电工攀爬至适当位置，使用验电器对绝缘子、横担、塔身进行验电，确认无漏电现象。

3）1 号杆上电工攀爬至作业横担处，并在横担侧第一片耐张绝缘子处安装隔离挡板。2 号杆上电工攀爬至横担下方塔身处，以便配合 1 号电工作业。

4）1号电工使用绝缘操作杆先安装横担侧卡具，再安装导线侧卡具，连接好丝杆和拉棒。待整套卡具安装完毕后，安装后备保护绳，并预收紧丝杆检查卡具受力情况。

5）地面负责人确认卡具以及后备保护绳安装牢固后，下达更换绝缘子指令。1号电工收紧丝杆至耐张绝缘子串松弛，并拉紧后备保护绝缘绳套。

6）2号电工配合1号电工使用绝缘操作杆脱开耐张线夹与耐张绝缘子串之间的弯头挂板，1号电工使用绝缘绳索牵引耐张绝缘子串和托瓶挂架从水平旋转至垂直位置。

7）1号电工拆除旧耐张绝缘子串与横担连接并通过绝缘绳传递至地面，地面电工将新绝缘子串传递回斗内。斗内电工按拆除的相反顺序将耐张线夹与耐张绝缘子串连接安装好。

8）1号电工松开后备保护绝缘绳套并放松丝杆，使绝缘子串受力后，拆下紧线器、后备保护绳套及绝缘绳套。

9）工作结束后，拆除杆上设备。绝缘斗退出有电工作区域，作业人员返回地面。

“干”字型耐张塔地电位绝缘杆作业法作业人员及工器具配置见表3-16。

表3-16 “干”字型耐张塔地电位绝缘杆作业法作业人员及工器具配置

序号	名称	型号	数量	备注
1	杆上电工	—	2	登杆绝缘杆法
2	地面电工	—	2	
3	工作负责人	—	1	
4	绝缘手套	35kV	2	
5	单串异形卡（前卡卡导线，后卡卡横担或U形环）＋拉杆＋丝杆 双串大刀卡（前卡卡联板，后卡卡联板）＋拉杆＋丝杆	—	1	全部为地电位操作
6	手工工具	—	1	整套
7	后备保护绳	35kV	1	
8	拔销杆 取瓶器 自动保险绝缘滑车 绝缘杆挂架 绝缘传递绳（配绝缘钩） 引流线遮蔽隔板（挂点区别） 碗头固定扶正器 托瓶架 引流线支杆	35kV	1	整套

3.3 35kV 典型杆塔带电作业工器具要求

3.3.1 工器具设计原则

3.3.1.1 直线提线工具

直线提线工具的设计需考虑导线与上方横担的间距，避免提起导线后安全距离不足的情况。同时考虑部分杆塔作业人员无法进入横担处，需要考虑使用绝缘杆进行提线装置的安装、操作和绝缘子的更换。

3.3.1.2 耐张紧线装置

耐张紧线装置的设计需要考虑导线与横担的间距，避免安全距离不足。同时考虑作业人员不便采用斗臂车、软梯等其他方式进入导线时，采用绝缘杆进行紧线装置的安装、操作和绝缘子的更换。

3.3.1.3 绝缘软梯或硬梯

当绝缘斗臂车不能进入杆塔附近时，需考虑使用绝缘软梯或硬梯将作业人员送入导线位置。考虑到作业间隙狭小，软梯头应采用绝缘设计，硬梯的安装和使用应考虑与周围杆塔的间距。

3.3.1.4 绝缘隔离挡板

绝缘隔离挡板是解决作业间隙狭小、作业人员与接地体或带电体的距离难以控制时的安全措施。在 35kV 线路上进行带电作业，绝缘隔离挡板主要安装在直线或耐张绝缘子上，或挂在上方导线上。

3.3.2 绝缘工器具性能指标要求

3.3.2.1 绝缘杆

1. 尺寸与外径

制作绝缘杆的绝缘材料可分为三类。标称绝缘杆外径系列见表 3-17。

表 3-17 标称绝缘杆外径系列 (mm)

类别	名称	标称外径系列
Ⅰ	实心棒	10，16，24，30
Ⅱ	空心管	18，20，22，24，26，28，30，32，36，40，44，50，60，70

续表

类别	名称	标称外径系列
Ⅲ	泡沫填充管	18，20，22，24，26，28，30，32，36，40，44，50，60，70

注　填充绝缘管标称外径与空心管系列相同。

制作绝缘杆的绝缘材料的密度不应小于 1.75g/cm³，吸水率不应大于 0.3%，填充泡沫应粘合在绝缘管内壁。绝缘管、棒材均应满足渗透试验的要求。

2. 电气性能要求

（1）受潮前和受潮后的电气性能要求。绝缘杆的绝缘材料应进行 300mm 长试品的 1min 工频耐压试验，包括干试验和受潮后的试验。

试品在 100kV 工频电压下的泄漏电流应符合表 3-18 的规定。

表 3-18　　试品 100kV 工频耐压试验泄漏电流允许值

杆型	标称外径（mm）	试品电极间距离（mm）	1min 工频耐压试验电压（kV）	泄漏电流（μA）	
				干试验 I_1	受潮后试验 I_2
实心棒	30 以下	300	100	≤10	≤30
	30			≤15	≤35
管材	30 及以下			≤10	≤30
	32～70			≤15	≤40

注　试验中记录最大电流 I_1、I_2 以及电流与电压间的相角差 φ_1、φ_2，要求 φ_1、φ_2 大于 50°（管）或 40°（棒）。

（2）湿态绝缘性能要求。绝缘杆的绝缘材料应进行 1000mm 长试品的 1h 淋雨试验。试品在 100kV 工频电压下应满足无闪络和击穿、表面无可见漏电腐蚀痕迹、无可察觉的温升等要求。

（3）绝缘耐受性能要求。绝缘杆能耐受相隔 300mm 的两电极间 1min 工频电压试验。试品在 100kV 工频电压下应满足无闪络和击穿、表面无可见漏电腐蚀痕迹、无可察觉的温升等要求。

3. 机械性能要求

绝缘杆应具有一定的机械抗弯、抗扭特性，以及耐挤压、耐机械老化性能。

（1）抗弯性能要求。各种绝缘件试品的初始抗弯负荷 F_d、挠度差值 f 及额定抗弯负荷 F_r 应满足表 3-19。

表 3-19　　弯曲试验的 F_d、f、F_r 值

杆型	外径(mm)	支架间距离(m)	F_d(N)	f(mm)	F_r(N)	试品长度(m)
实心棒	10	0.5	270	20	540	2
	16	0.5	1350	15	2700	2
	24	1.0	1750	15	3500	2.5
	30	1.5	2250	40	4500	2.5
管材	18	0.7	500	12	1000	2.5
	20	0.7	550	12	1100	2.5
	22	0.7	600	12	1200	2.5
	24	1.1	650	14	1300	2.5
	26	1.1	775	14	1550	2.5
	28	1.1	875	14	1750	2.5
	30	1.1	1000	14	2000	2.5
	32	1.5	1100	25	2200	2.5
	36	1.5	1300	25	2600	2.5
	40	2.0	1750	26	3500	2.5
	44	2.0	2200	28	4400	2.5
	50	2.0	3500	30	7000	2.5
	60	2.0	6000	27	12000	2.5
	70	2.0	10000	27	20000	2.5

注　挠度差值 f 指 $F_d/3$、$2/3F_d$ 以及 $2/3F_d$ 与 F_d 之挠度差值。

（2）抗扭性能要求。各种绝缘管棒材试品的初始扭力 C_d、偏转角 α_d 及额定扭力 C_r 应满足表 3-20。

表 3-20　　扭力试验的 C_d、α_d、C_r 值

杆型	外径(mm)	C_d(N·m)	α_d(°)	C_r(N·m)
实心棒	10	4.5	150	9
	16	13.5	180	27
	24	40	150	80
	30	70	150	140
管材	18	18.5	30	37
	20	20	29	40
	22	22.5	28	45
	24	25	27	50
	26	27.5	26	55
	28	30	21	60

续表

杆型	外径(mm)	C_d(N·m)	α_d(°)	C_r(N·m)
管材	30	35	17	70
	32	40	35	80
	36	60	37.5	120
	40	80	40	160
	44	100	35	200
	50	120	16	240
	60	320	12	640
	70	480	10	960

(3) 管材挤压性能要求。绝缘管材试品（包括填充管）的初始抗弯负荷 F_d 及额定抗弯负荷 F_r 应满足表 3-21。

表 3-21　　挤压试验的 F_d、F_r 值

管材标称外径（mm）	F_d(N)	F_r(N)
18	250	500
20	325	650
22	400	800
24	500	1000
26	600	1200
28	700	1400
30	750	1500
32	850	1700
36	1500	3000
40	2150	4300
44	2500	5000
50	3450	6900
60	4100	8200
70	4750	9500

(4) 机械老化性能要求。

1) 各种绝缘棒、管材试品在经过 4000 次弯曲循环后，不借助放大装置而用目测检查时，试品应无任何损伤的痕迹，也不应有任何永久变形。

2) 在经过 4000 次弯曲循环试验后，这批试品还应能通过受潮前及受潮后的绝缘试验。

3）在受潮前、后实测的电流 I_1'、I_2' 不应超过表 3-18 中 I_1、I_2 的限值。

3.3.2.2　绝缘操作杆

1. 结构的一般要求

（1）绝缘操作杆的接头可采用固定式或拆卸式接头，但连接应紧密、牢固。

（2）用空心管制造的绝缘操作杆的内、外表面及端部必须进行防潮处理，可采用泡沫对空心管进行填充，以防止内表面受潮和脏污。

（3）固定在绝缘操作杆上的接头宜采用强度高的材料制成。对金属接头，其长度不应超过 100mm，端部和边缘应加工成圆弧形。

（4）绝缘操作杆的总长度由最短有效绝缘长度、端部金属接头长度和手持部分长度的总和决定，其各部分长度应符合表 3-22 的规定。

表 3-22　绝缘操作杆各部分长度要求　（m）

额定电压（kV）	最短有效绝缘长度	端部金属接头长度	手持部分长度
35	0.90	≤0.10	≥0.60

2. 电气性能要求

35kV 电压等级绝缘操作杆的电气性能应符合表 3-23 的规定。

表 3-23　绝缘操作杆电气性能要求

额定电压（kV）	试验电极间距离（m）	1min 工频耐受电压（kV）
35	0.60	95

3. 机械性能要求

35kV 电压等级的绝缘操作杆的机械性能应符合表 3-24 的规定。

表 3-24　绝缘操作杆机械性能要求

额定电压（kV）	静抗弯负荷（N·m）	动抗弯负荷（N·m）	静抗扭负荷（N·m）
35	0.90	0.10	0.60

3.3.2.3　支杆、拉（吊）杆

1. 结构的一般要求

（1）支杆、拉（吊）杆上的金属配件与空心管、填充管、绝缘板的连接应牢固，使用时灵活、方便。

（2）支杆和拉（吊）杆的最短有效绝缘长度应符合表 3-25 的规定。

表 3-25　　支杆和拉（吊）杆最短有效绝缘长度　　（m）

额定电压（kV）	最短有效绝缘长度	固定部分长度		支杆活动部分长度
		支杆	拉（吊）杆	
35	0.60	0.60	0.20	0.60

（3）支杆的总长度由最短有效绝缘长度、固定部分长度和活动部分长度的总和决定，各部分长度应符合表 3-25 的规定。

2. 电气性能要求

支杆、拉（吊）杆的电气性能应符合表 3-26 的规定。

表 3-26　　支杆、拉（吊）杆电气性能要求

额定电压（kV）	试验电极间距离（m）	1min 工频耐受电压（kV）
35	0.60	95

3. 机械性能要求

（1）支杆按其允许受压荷载分为 1、3kN 和 5kN 三个等级，其机械性能应符合表 3-27 的规定。

表 3-27　　支杆机械性能要求

支杆分类级别	允许荷载（kN）	破坏荷载（kN）
1kN 级	1.00	≥3.00
3kN 级	3.00	≥9.00
5kN 级	5.00	≥15.00

（2）拉（吊）杆按其允许拉力荷载分为 10、30kN 和 50kN 三个等级，其机械性能应符合表 3-28 的规定。

表 3-28　　拉（吊）杆机械性能要求

拉（吊）杆分类级别	允许荷载（kN）	破坏荷载（kN）
10kN 级	10.0	≥30.0
30kN 级	30.0	≥90.0
50kN 级	50.0	≥150.0

3.3.2.4 绝缘绳索

1. 分类

(1) 根据材料来划分，绝缘绳索分为天然纤维绝缘绳索和合成纤维绝缘绳索。

(2) 根据在潮湿状态下的电气性能来划分，绝缘绳索分为常规型绝缘绳索和防潮型绝缘绳索。

(3) 根据机械强度来划分，绝缘绳索分为常规强度绝缘绳索和高强度绝缘绳索。

(4) 根据编织工艺来划分，绝缘绳索分为编织绝缘绳索、绞制绝缘绳索和套织绝缘绳索。

2. 电气性能要求

(1) 常规型绝缘绳索的电气性能应符合表 3-29 的规定。

表 3-29　　常规型绝缘绳索电气性能要求

序号	试验项目	试品有效长度（m）	电气性能要求
1	加压 100kV 时高湿度下交流泄漏电流*	0.5	≤300μA
2	工频干闪电压	0.5	≥170kV

* 试验条件：相对湿度 90%，温度 20℃，24h，试品长度 0.5m。

(2) 防潮型绝缘绳索的电气性能应符合表 3-30 的规定。

表 3-30　　防潮型绝缘绳索的电气性能要求

序号	试验项目	试品有效长度（m）	电气性能要求
1	工频干闪电压	0.5	≥170kV
2	持续高湿度下工频泄漏电流*	0.5	≤100μA
3	浸水后工频泄漏电流**	0.5	≤500μA
4	淋雨工频闪络电压***	0.5	≥60kV
5	50%断裂负荷拉伸后，高湿度下工频泄漏电流*	0.5	≤100μA
6	经漂洗后，高湿度下工频泄漏电流*	0.5	≤100μA
7	经磨损后，高湿度下工频泄漏电流*	0.5	≤100μA

* 试验条件：相对湿度 90%，温度 20℃，168h，加压 100kV。

** 试验条件：水电阻率 100Ω·m，浸泡 15min，抖落表面附着水珠，加压 100kV。

*** 试验条件：雨量 1～1.5mm/min，水电阻率 100Ω·m。

3. 机械性能要求

(1) 常规强度绝缘绳索（包括常规机械强度的防潮型绝缘绳索）的机械性

能要求见表 3-31 和表 3-32。

表 3-31　　天然纤维绝缘绳索机械性能要求

规格	直径（mm）	伸长率（%）	断裂强度（kN）	测量张力（N）
TJS-4	4±0.2	≤20	≥2.0	45
TJS-6	6±0.3	≤20	≥4.0	85
TJS-8	8±0.3	≤20	≥6.2	120
TJS-10	10±0.3	≤35	≥8.3	150
TJS-12	12±0.4	≤35	≥11.2	210
TJS-14	14±0.4	≤35	≥14.4	350
TJS-16	16±0.4	≤35	≥18.0	450
TJS-18	18±0.5	≤44	≥22.5	550
TJS-20	20±0.5	≤44	≥27.0	750
TJS-22	22±0.5	≤44	≥32.4	850
TJS-24	24±0.5	≤44	≥37.3	950

注　1. 符号含义：T—天然纤维；J—绝缘；S—绳索。
　　2. 不论编织工艺及防潮性能的区别，同规格的绝缘绳索的机械性能要求相同。

表 3-32　　合成纤维绝缘绳索机械性能要求

规格	直径（mm）	伸长率（%）	断裂强度（kN）	测量张力（N）
HJS-4	4±0.2	≤40	≥3.1	30
HJS-6	6±0.3	≤40	≥5.4	50
HJS-8	8±0.3	≤40	≥8.0	90
HJS-10	10±0.3	≤48	≥11.0	140
HJS-12	12±0.4	≤48	≥15.0	190
HJS-14	14±0.4	≤48	≥20.0	260
HJS-16	16±0.4	≤48	≥26.0	350
HJS-18	18±0.5	≤58	≥32.0	450
HJS-20	20±0.5	≤58	≥38.0	550
HJS-22	22±0.5	≤58	≥44.0	700
HJS-24	24±0.5	≤58	≥50.0	800

注　1. 符号含义：H—合成纤维；J—绝缘；S—绳索。
　　2. 不论编织工艺及防潮性能的区别，同规格的绝缘绳索的机械性能要求相同。

（2）高强度绝缘绳索（包括高强度防潮型绝缘绳索）的机械性能要求见表 3-33。

表 3-33　　高强度绝缘绳索机械性能要求

规格	直径（mm）	伸长率（%）	断裂强度（kN）	测量张力（N）
GJS-4	4±0.2	≤20	≥6.2	30
GJS-6	6±0.3	≤20	≥10.8	50
GJS-8	8±0.3	≤20	≥16.0	90
GJS-10	10±0.3	≤20	≥22.0	140
GJS-12	12±0.4	≤20	≥30.0	190
GJS-14	14±0.4	≤20	≥40.0	260
GJS-16	16±0.4	≤20	≥52.0	350
GJS-18	18±0.5	≤20	≥64.0	450
GJS-20	20±0.5	≤20	≥75.0	550
GJS-22	22±0.5	≤20	≥88.0	700
GJS-24	24±0.5	≤20	≥100.0	800

注　1. 符号含义：G—高机械强度；J—绝缘；S—绳索。
　　2. 不论编织工艺及防潮性能的区别，同规格的绝缘绳索的机械性能要求相同。

4. 工艺要求

（1）绝缘绳索应在具有良好的通风防尘设备的室内生产，不得沾染油污及其他污染，不得受潮。

（2）每股绝缘绳索及每股线均应紧密绞合，不得有松散、分股的现象。

（3）绳索各股中丝线均不应有叠痕、凸起、压伤、背股、抽筋等缺陷。

（4）接头应单根丝线连接，不允许有股接头。单丝接头应封闭在绳股内部，不得露在外面。

（5）股绳和股线的捻距及纬线在其全长上应该均匀。

（6）彩色绝缘绳索应色彩均匀一致。

（7）经防潮处理后的绝缘绳索表面应无油渍、污迹、脱皮等。

3.3.2.5　绝缘绳索类工具

1. 材料要求

（1）消弧绳、绝缘测距绳、绝缘保护绳应采用桑蚕丝为原料，绳套宜采用锦纶长丝为原料。所有材料应满足相对应规格的绝缘绳索的技术要求。

（2）吊钩的材料应符合《带电作业用绝缘滑车》（GB/T 13034—2008）的要求。

（3）扁钢保险钩或其他保险钩的材料应符合《安全带》（GB 6095—2009）的要求。

(4) 消弧绳软铜线应符合《带电作业用绝缘绳索类工具》(DL/T 779—2021) 的要求，规格为 TR 软圆铜线 0.1～0.2mm。

2. 技术要求

(1) 人身、导线绝缘保护绳及绝缘绳套的整体机械拉伸性能应满足表 3-34 的要求。

表 3-34　　人身、导线绝缘保护绳及绝缘绳套机械拉力试验标准

名称	试验静拉力 (kN)	试验静拉力 (允许拉力倍数)	试验时间 (min)
人身保护绳	4.4	—	5
$240mm^2$ 及以下单导线绝缘保护绳	20	—	5
$400mm^2$ 及以下单导线绝缘保护绳	30	—	5
绝缘绳套	—	2.5	5

(2) 人身绝缘保护绳应按不同绳长整体做冲击试验，以 100kg 质量做自由坠落应无破断。当人身绝缘保护绳的长度超过 3m 时应加缓冲器，缓冲器应满足《安全带》(GB 6095—2009) 的规定。

(3) 带电作业用绝缘绳索类工具的电气绝缘性能应满足表 3-35 的要求。

表 3-35　　带电作业用绝缘绳索类工具电气性能要求

额定电压 (kV)	电极距离 (m)	工频耐受电压	
		耐受电压 (kV)	耐压时间 (min)
35	0.60	95	1

(4) 消弧绳端部软铜线与绝缘绳索的结合部分长度应不大于 200mm，绝缘部分与导线部分的分界处应有明显标志，消弧绳的端部应有防止铜线散股的措施。

(5) 绝缘保护绳的吊钩、扁钢保险钩等应有防止脱钩的保险装置；保险应可靠，操作应灵活。

(6) 绝缘测距绳的缠绕器应灵活轻巧，便于携带和储藏。缠绕器不宜密封，以便散潮烘干。绝缘测距绳标定刻度标志时，应在产品配备的重锤悬空吊持状态下进行。

3. 工艺要求

(1) 绝缘绳索的工艺应满足《带电作业用绝缘绳索》(GB/T 13035—2008)

的有关规定。

（2）吊钩的工艺要满足《安全带》（GB 6095—2009）的要求。

3.3.2.6　绝缘滑车

1. 型号规格

绝缘滑车共分为 15 种型号，其型号规格见表 3-36。

表 3-36　　绝缘滑车型号规格

型号	绝缘滑车类型	额定负荷（kN）	滑轮个数	型号	绝缘滑车类型	额定负荷（kN）	滑轮个数
JH5-1B	单轮闭口型	5	1	JH10-2C	双轮长钩型	10	2
JH5-1K	单轮开口型	5	1	JH10-3D	三轮短钩型	10	3
JH5-2D	双轮短钩型	5	2	JH10-3C	三轮长钩型	10	3
JH5-2X	双轮导线钩型	5	2	JH15-4D	四轮短钩型	15	4
JH5-2J	双轮绝缘钩型	5	2	JH15-4C	四轮长钩型	15	4
JH5-3D	三轮短钩型	5	3	JH20-4D	四轮短钩型	20	4
JH5-3X	三轮导线钩型	5	3	JH20-4C	四轮长钩型	20	4
JH10-2D	双轮短钩型	10	2				

注　1. 绝缘滑车的型号编制采用汉语拼音第一个字母及阿拉伯数字表示的方法，具体含义：JH—绝缘滑车；JH 之后的数字表示额定负荷；短横线后的数字表示滑轮个数；最后一个字母表示结构特点（B—侧板闭口型，K—侧板开口型，D—短钩型，C—长钩型，J—绝缘钩型，X—导线钩型）。
2. 额定负荷指吊钩负荷。
3. 单轮滑车作为导向轮时，单根绳索牵引力为额定负荷的 1/2。

2. 整体要求

（1）零件及组合件按图纸检查合格后才能使用装配。

（2）装配后，滑轮在中轴上应转动灵活，无卡阻和碰擦轮缘现象。

（3）吊钩、吊环在吊梁上应转动灵活。

（4）各开口销不得向外弯，应切除多余部分。

（5）侧向螺栓高出螺母部分不大于 2mm。

（6）侧板开口在开合 90°范围内无卡涩现象。

3. 电气性能

各种型号绝缘滑车均应按表 3-37 的规定进行交流工频耐压试验，试验 1min 后应不发热和击穿。

表 3-37　　绝缘滑车工频耐压试验标准

滑车型号	耐受电压（kV）	加压时间（min）	滑车型号	耐受电压（kV）	加压时间（min）
JH5-1B	30	1	JH10-2C	30	1
JH5-1K	30	1	JH10-3D	30	1
JH5-2D	30	1	JH10-3C	30	1
JH5-2X	30	1	JH15-4D	30	1
JH5-2J	44	1	JH15-4C	30	1
JH5-3D	30	1	JH20-4D	30	1
JH5-3X	30	1	JH20-4C	30	1
JH10-2D	30	1			

4. 机械性能

按 1.6 倍额定负荷持续 5min，滑车应无永久变形或裂纹；滑车的破坏拉力不得小于 3.0 倍额定负荷。

（1）吊钩、吊环。

1）必须用锻造件，机加工前应正火处理。

2）不得有裂纹、重皮、过烧、过热、毛刺等缺陷，更不允许将缺陷补焊回用。

3）钩柄轴线只允许向钩腔中心内侧偏移，偏移量小于钩腔直径的 3%。

4）调质后，表面硬度应不高于 HB266。

5）螺纹精度应不低于 6g。

6）表面应进行镀铬、镀锌等防腐蚀处理。

（2）中轴、吊轴、联结轴。

1）不得有裂纹及影响质量的缺陷。

2）调质后，表面硬度为 HB217～255。

3）中轴表面粗糙度不低于 $Ra3.2\mu m$，直径公差 g6；吊轴、联结轴表面粗糙度不低于 $Ra12.5\mu m$，直径公差 h11。

4）螺纹精度应不低于 6g。

5）表面均应镀锌。

（3）吊梁、尾绳环。

1）采用的铸钢件不得有砂眼、裂纹、气孔、缩孔、疏松等缺陷。

2）吊梁孔的位置公差应不大于 $\phi 0.1$。

3）吊梁孔对吊钩螺母接触面的垂直度公差应不低于 9 级。

4）吊梁轴孔对吊钩螺母接触面的平行度公差应不低于 10 级。

5）表面应进行镀锌、镀铬等防腐蚀处理。

（4）护板、隔板、拉板、加强板。

1）各孔的位置公差应不大于 $\phi 0.1$。

2）表面应涂刷 1～2 次环氧绝缘清漆，端面涂刷不少于 2 次；每次涂刷需等干燥后方可涂刷下一次。

（5）滑轮。

1）滑轮孔表面粗糙度不低于 $Ra6.3\mu m$，公差为 N7。

2）孔的径向全跳动公应差不低于 10 级。

3）表面应涂刷 1～2 次环氧绝缘清漆，端面涂刷不少于 2 次；每次涂刷需等干燥后方可涂刷下一次。

3.3.2.7 绝缘斗臂车

1. 外观及尺寸

绝缘斗臂车的定期外观及尺寸检查必须由受过专业训练的人来完成。用肉眼检查绝缘斗、臂表面的损伤情况（如裂缝、绝缘剥落、深度划痕等），并对内外斗的壁厚进行测量，确定是否符合制造厂的壁厚限值，还要进行下列检查：

（1）结构件的变形、裂缝或锈蚀；

（2）轴销、轴承、转轴、齿轮、滚轮、锁紧装置、链条、链轮、钢缆、皮带轮等零件的磨损或变形；

（3）气动、液压保险阀装置；

（4）气动、液压装置中软管和管路的泄漏痕迹、非正常变形或过量磨损；

（5）压缩机、油泵、电动机、发动机的松动、泄漏、非正常噪声或振动、运转速度变缓或过热现象；

（6）气动、液压阀的错误动作、阀体外部的裂缝、漏洞以及渗出物粘附在线圈上；

（7）气动、液压、闭锁阀的错误动作和可见损伤；

（8）气动、液压装置的洁净程度，在系统中出现其他物质，并发生了劣化；

（9）不太容易发现的电气系统及部件的损坏或磨损；

（10）泄漏监视系统的状况；

（11）真空保护系统的操作应充分尊重制造厂商的建议；

（12）上、下两臂的运行测试；

（13）螺栓和其他紧固件的松紧状况；

（14）生产厂商特别指出的焊缝。

2. 电气试验

（1）周期和试验项目。

1）试验周期：6 个月。

2）试验项目：交流耐压及泄漏电流试验。

（2）要求。对绝缘斗臂车进行交流耐压及泄漏电流试验时，应先测量泄漏电流，然后进行工频耐压试验。应分别对绝缘斗（包括工作斗及内衬）、绝缘臂（包括上、下臂、吊臂）、整车进行试验，加压时间保持 1min，其电气性能应分别符合表 3-38～表 3-40 的规定，以无闪络、击穿和明显发热为合格。

表 3-38　　工作斗及内衬工频耐压及泄漏电流试验标准

试验对象	试验距离（m）	1min 工频耐压试验电压（kV）	交流泄漏电流	
			试验电压（kV）	泄漏值（μA）
工作斗外斗	0.4	20	20	≤200
工作斗内衬	—	45	20	≤200
工作斗沿面	0.4	45	20	≤200

表 3-39　　绝缘臂工频耐压及泄漏电流试验标准

试验距离（m）	1min 工频耐压试验电压（kV）	交流泄漏电流		
		试验距离（m）	试验电压（kV）	泄漏值（μA）
1.50	95	0.6	70	≤200

表 3-40　　整车工频耐压及泄漏电流试验标准

试验距离（m）	1min 工频耐压试验电压（kV）	交流泄漏电流	
		试验电压（kV）	泄漏值（μA）
1.50	95	70	≤500

3. 机械试验

（1）周期和试验项目。

1）试验周期：6 个月。

2）试验项目：额定荷载全工况试验。

（2）要求。额定荷载全工况试验即按工作斗的额定荷载加载，按全工况曲线图全部操作三遍。若上、下臂和绝缘斗以及汽车底盘、外伸支腿均无异常，则试验通过。

3.3.3 绝缘防护用具及遮蔽用具性能指标要求

按照电气性能，绝缘防护用具及遮蔽用具分为0、1、2、3、4五级；其中，4级绝缘防护用具及遮蔽用具适用于35kV电压等级的带电作业。

3.3.3.1 绝缘手套

1. 结构要求

（1）尺寸。4级绝缘手套长度为410mm或460mm，偏差为±15mm。

（2）厚度。

1）绝缘手套的最小厚度以能通过电气性能要求来确定。

2）为了保证绝缘手套的柔软性，4级绝缘手套平面的最大厚度为3.6mm。

（3）工艺及修整。绝缘手套应通过试验和检查确定内外表面有无有害的和有形的表面缺陷。

1）有害的、有形的表面缺陷：指针孔、裂纹、砂眼、割伤、嵌入导电杂物和明显的压模痕迹。

2）无害的、有形的表面缺陷：指呈现在手套内外侧面的不平整，这些表面缺陷表现为模压痕迹，实际上是合成橡胶的隆起物或凹陷。

2. 机械性能要求

（1）拉伸强度及扯断伸长率：

1）平均拉伸强度应不低于16MPa。

2）平均扯断伸长率应不低于600％。

（2）拉伸永久变形：拉伸永久变形不应超过15％。

（3）特殊机械性能：绝缘手套还应具有防机械刺穿性能，平均抗机械刺穿强度应不小于18N/mm。

3. 电气性能要求

绝缘手套应能通过交流验证电压试验和耐受电压试验，验证电压下泄漏电流值应满足表3-41的要求。

表 3-41 绝缘手套电气绝缘性能要求

级别	交流试验			
	验证试验电压（kV）	最低耐受电压（kV）	验证电压下泄漏电流（mA）	
			手套长度（mm）	
			410	≥460
4	40	50	24	26

4. 耐老化性能要求

经热老化处理后的试品，拉伸强度不应低于老化前试验值的80%，拉伸永久变形不应超过15%，并能在不经过吸潮处理情况下通过验证电压试验。

5. 耐低温性能要求

绝缘手套经低温处理试验后，应无破损、断裂和裂缝，并能在不经过预湿处理情况下通过验证电压试验。

6. 阻燃性能要求

绝缘手套进行阻燃试验中，在火焰退出后，观察试品上火焰的蔓延情况；经过55s，如果燃烧火焰蔓延至试品末端55mm基准线处，则试验合格。

3.3.3.2 绝缘袖套

1. 结构要求

（1）厚度。绝缘袖套应具有足够的弹性且平坦，4级绝缘袖套表面橡胶最大厚度（不包括肩边、袖边或其他加固的肋）不超过3.60mm。

（2）工艺及成型。

1）绝缘袖套应采用无缝制作方式，绝缘袖套上为连接所留的小孔必须用非金属加固边缘，直径为8mm。

2）绝缘袖套内、外表面应不存在有害的不规则性。

a. 有害的不规则性即破坏其均匀性、损坏表面光滑轮廓的缺陷，如小孔，裂缝、局部隆起、切口、夹杂导电异物、折缝、空隙、凹凸波纹及铸造标志等。

b. 无害的不规则性是指在生产过程中造成的表面不规则性，如果其属于以下状况，则是可以接受的：凹陷的直径不大于1.6mm，边缘光滑，当凹陷点的反面包覆于拇指扩展时，正面不见痕迹；袖套上如上文中描述的凹陷在5个以下，且任意两个凹陷之间的距离不大于15mm；当拉伸该材料时，凹槽、突起部分或模型标志趋向于平滑的平面。

2. 机械性能要求

(1) 拉伸强度和扯断伸长率：

1) 平均拉伸强度应不低于14MPa，最低抗拉强度应不低于平均强度的90%。

2) 平均扯断伸长率应不低于600%。

(2) 拉伸永久变形：拉伸永久变形不应超过15%。

(3) 特殊机械性能：绝缘袖套还应具有防机械刺穿性能，平均抗机械刺穿强度应不小于18N/mm。

3. 电气性能要求

绝缘袖套应能通过交流验证电压试验和耐受电压试验，试验电压满足表3-42的要求；如果试验中试品无闪络、击穿和明显发热，则试验通过。

表3-42　　绝缘袖套交流验证电压试验和耐受电压试验要求　　(kV)

级别	交流试验	
	验证试验电压	最低耐受电压
4	40	50

4. 耐老化性能要求

经热老化处理后的试品，拉伸强度不应低于老化前试验值的80%，拉伸永久变形不应超过15%，并能在不经过吸潮处理情况下通过验证电压试验。

5. 耐低温性能要求

绝缘袖套经低温处理试验后，应无破损、断裂和裂缝，并能在不经过预湿处理情况下通过验证电压试验。

6. 阻燃性能要求

绝缘袖套进行阻燃试验中，在火焰退出后，观察试品上火焰的蔓延情况；经过55s，如果燃烧火焰蔓延至试品末端55mm基准线处，则试验合格。

3.3.3.3　绝缘毯

1. 结构要求

(1) 样式。绝缘毯可采用平展式或开槽式，其样式如图2-54所示，另外还有专为满足特殊用途需要设计的某些形式。

(2) 厚度。绝缘毯应有合适的柔软度，橡胶类材料绝缘毯的最大厚度为

4.3mm，塑胶类材料绝缘毯的最大厚度为 3.8mm。最小厚度不予限定，但必须通过电气性能试验。

（3）工艺及成型。

1）有害不规则缺陷。绝缘毯上下表面不应存在破坏其均匀性、损坏表面光滑轮廓的有害不规则缺陷，如小孔、裂纹、局部隆起、切口、夹杂导电异物、折缝、空隙、凹凸波纹及铸造标志等。

2）无害不规则缺陷。绝缘毯上下表面无害不规则缺陷是指在生产过程中形成的表面不规则缺陷，下列不规则缺陷是可接受的：凹陷直径不大于 1.6mm，边缘光滑，当凹陷处的反面包覆在拇指上扩展时，正面不应有可见痕迹；绝缘毯上如上文中描述的凹陷在 5 个以下，且任意两个凹陷之间的距离大于 15mm；当拉伸时，凹槽或模型标志趋向于平滑的表面；表面上由杂质形成的凸块不影响材料的延展。

2. 机械性能要求

（1）拉伸强度和扯断伸长率：

1）平均拉伸强度应不低于 12MPa，最低抗拉强度应不低于平均强度的 90%。

2）袖套平均扯断伸长率，对于橡胶类产品应不低于 300%，对于塑胶类试品应不小于 150%。

（2）拉伸永久变形：拉伸永久变形不应超过 15%。

（3）特殊机械性能：绝缘毯还应具有防机械刺穿性能，平均抗机械刺穿强度应不小于 45N/mm。

（4）抗撕裂性能。

1）此项性能仅适用于采用塑胶类材料制成的绝缘毯。

2）平均抗撕裂性能应不小于 30N。

3. 电气性能要求

绝缘毯应能通过交流验证电压试验和耐受电压试验，试验电压满足表 3-42 的要求；如果试验中，试品无闪络、击穿和明显发热，则试验通过。

4. 耐老化性能要求

绝缘毯经过老化处理后的机械性能应满足：

（1）对于橡胶类材料或塑胶类材料试品，拉伸强度和拉断伸长率不小于老化试验前的 80%；

（2）对于橡胶类材料试品，拉伸强度永久变形不大于老化试验前的15%；

（3）对于塑胶类材料试品，抗撕裂强度不小于30N。

5. 耐低温性能要求

绝缘毯经低温处理试验后，应无破损、断裂和裂缝，并能在不经过预湿处理情况下通过验证电压试验。

6. 阻燃性能要求

绝缘毯进行阻燃试验中，在火焰退出后，观察试品上火焰的蔓延情况；经过55s，如果火焰没有扩散到以燃烧中心为圆心、直径为50mm的圆以外，则认为试验通过。

3.3.3.4　绝缘遮蔽罩

1. 结构要求

（1）形状和尺寸。绝缘遮蔽罩的尺寸和形状应和被遮蔽对象相配合。对于多个绝缘遮蔽罩组成的绝缘遮蔽系统，每个绝缘遮蔽罩应便于相互组装、相互连接，在其保护区域内应不出现间隙。

（2）厚度。绝缘遮蔽罩的最小厚度不予限定，但必须通过电气性能试验。

（3）操作定位装置。绝缘遮蔽罩上应有一个操作定位装置，以便可以使用合适的工具来安装和拆卸遮蔽罩。

（4）防脱落装置。为保护绝缘遮蔽罩不会由于风吹、导线移动等原因而从它所遮蔽的部分脱落下来，应在绝缘遮蔽罩上安装一个或几个锁定装置。锁闭部件应便于闭锁或开启，锁闭部件的闭锁和开启应能用绝缘杆来操作。

（5）通用性。在同一绝缘遮蔽组合中，各个绝缘遮蔽罩之间相互连接的端部必须是可通用的。

（6）工艺及成型。绝缘遮蔽罩内、外表面不应存在有害的不规则性。有害的不规则性即破坏其均匀性、损坏表面光滑轮廓的缺陷，如小孔、裂缝、局部隆起、切口、夹杂导电物、折缝、空隙。

2. 机械性能要求

绝缘遮蔽罩受到冲击力作用后，其凹痕直径不应大于5mm，冲击处应无裂痕、无明显损伤。

3. 电气性能要求

绝缘遮蔽罩应能通过交流验证电压试验和耐受电压试验，试验电压满足

表 3-42 的要求。如果试验中试品无闪络、击穿和明显发热，则试验通过。

4. 耐臭氧性能要求

绝缘遮蔽罩通过抽样处理后，试品应无裂痕，且能通过 80％电压的耐受电压试验。

3.3.4　绝缘防护用具及遮蔽用具的电气和机械试验

基于绝缘手套法的 35kV 线路带电作业主要使用的绝缘防护用具及遮蔽用具包括绝缘手套、绝缘袖套、绝缘毯和导线遮蔽罩等。为了了解其电气和机械性能水平，对以上绝缘防护用具及遮蔽用具的试样进行了试验研究。

3.3.4.1　绝缘手套

1. 一般要求

除应进行预湿处理的试品外，试验样品均应在温度（23±2)℃和相对湿度(50±5)％的环境中预置 24h。

2. 尺寸检查

绝缘手套长度的测量应从手套中指开始，量至袖口边缘。测量时，手套应呈自然松弛状态，袖口与边缘应与测量线垂直。35kV 线路带电更换绝缘子作业中应用的绝缘手套长度为 457mm，如图 3-32 所示。

3. 厚度

厚度测量点应分散于整只绝缘手套表面：手掌部位不少于 4 个测量点，手背部位不少于 4 个测量点，大拇指和食指部位不少于 1 个测量点。

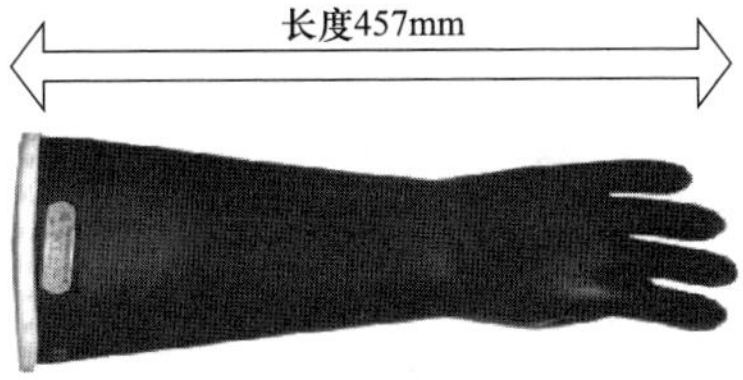

图 3-32　绝缘手套长度

测量应使用千分尺或其他能够达到如此精度的测量仪器。千分尺的精度应不低于 0.02mm，并具有直径为 6mm 的测量杆和直径为（3.17±0.25）mm 的加压爪，加压爪施力为（0.83±0.03）N。被试手套要得到足够的支撑，以使千分尺的平面不受力。

4. 拉伸强度及扯断伸长率试验

（1）试验方法：参照 2.3.2.2 中绝缘毯的机械试验部分。

（2）试验结果。绝缘手套拉伸强度及扯断伸长率试验现场如图 3-33 所示，绝缘手套的力—变形曲线如图 3-34 所示。

图 3-33　绝缘手套拉伸强度及扯断伸长率试验现场

（a）拉伸强度试验现场；（b）扯断伸长率试验现场

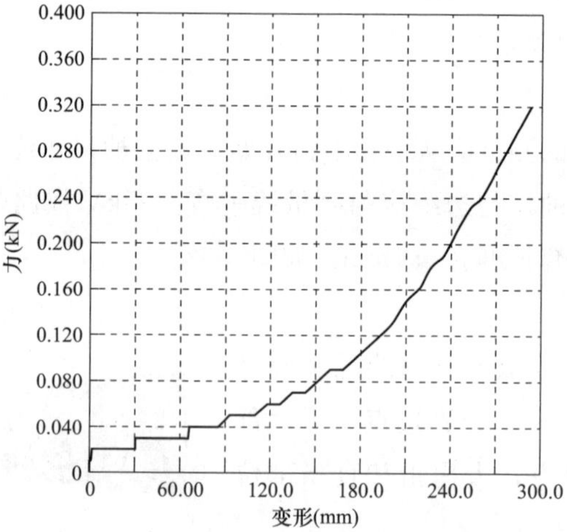

图 3-34　绝缘手套力—变形曲线

经过试验，绝缘手套的平均拉伸强度为 26.7MPa，平均扯断伸长率为 1350%，满足要求。

5. 拉伸永久变形试验

从被试手套上切取哑铃型测试块 3 件（手掌、手背和手腕各一件），外形尺寸如图 2-55 所示。将测试块固定在应变仪的夹架上，使一端固定，另一端可随夹架在导轨上移动。

拉伸变形前的基准长度 L_0 的测量误差应在 0.1mm 之内。将测试块装在夹架上以后，以 2～10mm/s 的速度拉伸测试块，使其伸长率达到（400±10）%，此时长度记为 L_s，并保持 10min；然后以相同的速度将测试块放松，取下测试块置于平面上，经过 10min 的变形恢复时间，再测量基准线之间的距离 L_1。拉伸永久变形 S 按式（2-14）计算。

6. 抗机械刺穿试验

（1）试验方法：参照 2.3.2.2 中绝缘毯的机械试验部分。

（2）试验结果。绝缘手套抗机械刺穿试验现场如图 3-35 所示，绝缘手套抗机械刺穿试验曲线如图 3-36 所示。

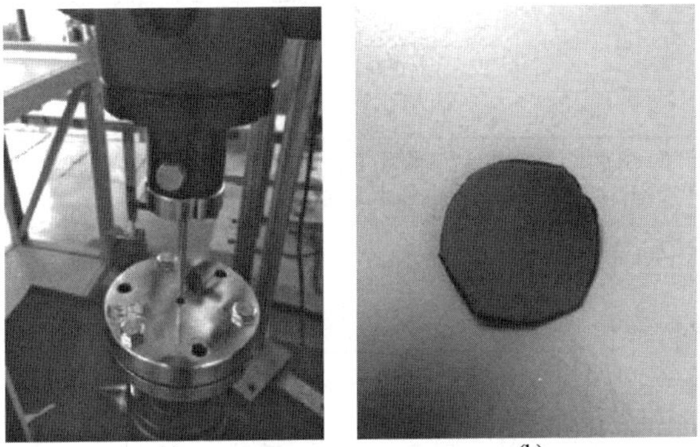

(a)　(b)

图 3-35　绝缘手套抗机械刺穿试验现场

（a）试验现场；（b）试验结果

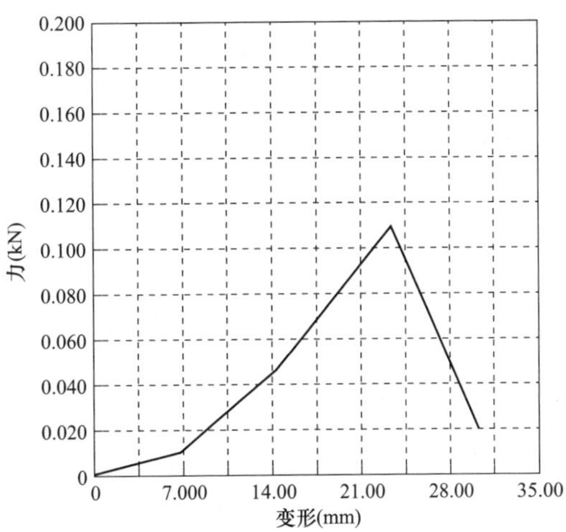

图 3-36　绝缘手套抗机械刺穿试验曲线

按照上述试验方法对项目中的绝缘手套进行了抗机械刺穿试验，其抗刺穿强度为36.7N/mm，符合要求。

7. 电气试验

电气试验包括交流验证电压试验、交流耐受电压试验和泄漏电流试验。

(1) 一般试验要求。将绝缘手套内部充满自来水并浸入水箱中，一般绝缘手套吃水深度按表3-43的规定。试验时，试品内、外的水平面高度应保持一致，绝缘试验布置如图3-37所示。

表3-43　绝缘手套吃水深度　(mm)

型号	手套露出水面部分长度 D_1 或 D_2	
	交流验证电压试验	交流耐受电压试验
4	130	165

注　吃水深度允许误差为±13mm；当试验环境相对湿度高于55%或气压低于99.3kPa时，可适当增大绝缘手套露出水面部分长度，最大可增加25mm。

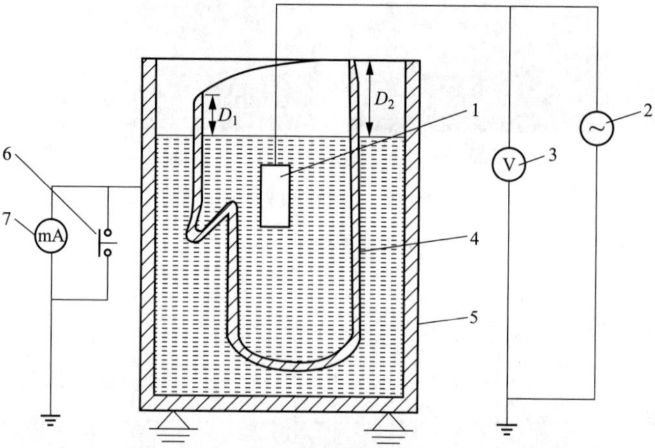

图3-37　绝缘手套绝缘试验布置示意图

1—锁链或滑棒；2—高压电源；3—高压电压表；4—试品；
5—金属水箱；6—电流表断路开关；7—电流表（毫安级）

绝缘手套内侧的水形成一个电极，用锁链或滑棒插入水中，并连接到电源的一端。绝缘手套外侧的水形成另一个电极，直接连到电源的另一端。水中应无气泡或气隙，水平面以上的绝缘手套暴露应保持干燥。对于某些类型的绝缘手套（例如加衬绝缘手套）的预防性试验，充水会对内表面造成损害，内电极可以采用直径为 4mm 的镀镍不锈钢球代替。

试验设备及测量系统应符合《高电压试验技术　第 1 部分：一般定义及试验要求》（GB/T 16927.1—2011）的有关规定。试验设备应能对试品提供无级、连续可变的电压。由电动机驱动的调压设备应升压方便且速度均匀。试验设备应有自动开关保护，试品在试验中损坏时所产生的电流可以使自动开关跳闸。在任何短路情况下，开关都应能跳闸以保护试验设备。系统测量误差应小于 3%，测量仪器、仪表每年应进行一次计量校核。

（2）交流试验方法。测量交流验证电压试验中的泄漏电流，可直接在回路中接入一个电流表（微安级），试验值应在电压升至验证电压要求时读数。

对每只绝缘手套进行交流验证试验时，交流电压应从较低值开始，并以大约 1000V/s 的速度逐渐升压，直至达到规定的试验电压值或绝缘手套发生击穿。试验时间从达到规定的试验电压的时刻开始计算。对于型式试验和抽样试验，电压持续时间为 3min；对于出厂例行试验，电压持续时间为 1min。如试品无闪络、击穿和明显发热，则试验通过。

按照上述试验方法对 35kV 绝缘手套进行了交流验证电压试验、耐受电压试验和泄漏电流试验。其中，交流验证和耐受电压试验中，绝缘手套无击穿和过热；泄漏电流试验中，泄漏电流为 9.8～10.6mA，满足电气性能要求。

3.3.4.2　绝缘袖套

1. 一般要求

除应进行预湿处理的试品外，试验样品均应在温度（23±2)℃和相对湿度(50±5)%的环境中预置 24h。

2. 厚度检查

在绝缘袖套上应抽取 8 个以上的点进行厚度测量，可使用千分尺或同样精度的仪器进行测量。千分尺的精度应在 0.02mm 以内，应具有直径为（3.17±0.25）mm 的压脚。压脚应能施加（0.83±0.03）N 的压力。绝缘袖套应平展放置，以使千分尺测量面之间是平滑的表面。35kV 绝缘袖套的平均厚度为 3.10mm。

3. 拉伸强度和扯断伸长率试验

从被试绝缘袖套上切取 4 个哑铃型测试块进行试验。试验方法参照 3.3.4.1 中绝缘手套的拉伸强度和伸长率试验。35kV 绝缘袖套的平均拉伸强度应不低于 24.6MPa，平均扯断伸长率为 1280%。

4. 拉伸永久变形试验

从被试袖套上切取哑铃型试品 3 件（腕部上下各一件，腋下一件），试验方法参照 3.3.4.1 中绝缘手套的拉伸永久变形试验。35kV 绝缘袖套的平均拉伸永久变形应小于 1%。

5. 抗机械刺穿试验

试验方法参照 3.3.4.1 中绝缘手套的抗机械刺穿试验。35kV 绝缘袖套的抗刺穿强度为 37.8N/mm。

6. 电气试验

(1) 电极间隙。电极间隙允许误差为 25mm。若环境温度不能满足试验要求时，最大可增加 50mm。4 级绝缘袖套的电极间隙距离为 260mm。

(2) 试验布置。在试验容器中注入电气强度高、相对密度大于 1.0 且不溶于水的电介质溶液，电介质溶液在容器中的深度为 100mm；然后再向容器中注入水，将绝缘袖套的袖口端浸入水中，使袖口末端在电介质容器中浸入下 50mm；再向绝缘袖套中注入水。绝缘袖套袖口端内外水电极由电介质溶液分隔和绝缘。在较高电压下，应增加绝缘袖套在电介质溶液中的浸入深度。绝缘袖套直置水电极试验方式如图 3-38 所示。

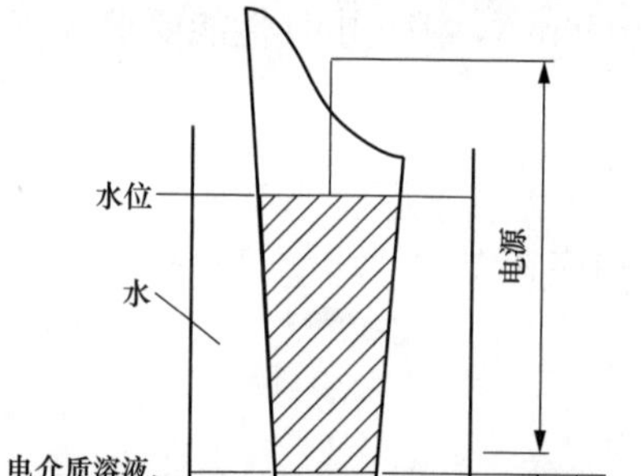

图 3-38 绝缘袖套直置水电极试验方式示意图

(3) 交流耐压试验。

1) 试验方法参照 3.3.4.1 中绝缘手套的交流耐压试验。

2) 在交流验证电压试验和交流耐受电压试验中，35kV 绝缘袖套无闪络、击穿和明显发热，则试验通过。

3.3.4.3 绝缘毯

1. 一般要求

除应进行预湿处理的试品外，试验样品均应在温度 (23±2)℃ 和相对湿度 (50±5)% 的环境中预置 24h。

2. 厚度检查

(1) 应在整个绝缘毯上选择均匀分布的 5 个以上不同的点进行厚度测量和检查。

（2）可以使用千分尺或同样精度的仪器进行测量。千分尺精度应在 0.02mm 以内，测钻直径为 6mm，平面压脚直径为（3.17±0.25）mm，压脚应施加（0.83±0.03）N 的压力。

（3）绝缘毯应平展放置，保持千分尺测量面之间平滑。

（4）35kV 绝缘毯的平均厚度为 4.2mm。

3. 拉伸强度和扯断伸长率试验

从绝缘毯上切取 4 个哑铃型测试块进行试验，其中两个测试块在绝缘毯的长边切割，另两个从短边切割。试验方法参照 3.3.4.1 中绝缘手套的拉伸强度和扯断伸长率试验。

绝缘毯拉伸强度和扯断伸长率试验现场如图 3-39 所示，绝缘毯拉伸强度和扯断伸长率试验曲线如图 3-40 所示。

(a)

(b)

图 3-39 绝缘毯拉伸强度和扯断伸长率试验现场

（a）伸强度试验现场；（b）扯断伸长率试验现场

35kV 绝缘毯的平均拉伸强度应不低于 12.5MPa，平均扯断伸长率为 1400%。

4. 拉伸永久变形试验

从绝缘毯上切取哑铃型试品 3 件，试验方法参照 3.3.4.1 中绝缘手套的拉伸永久变形试验。35kV 绝缘袖套的平均拉伸永久变形为 1.3%。

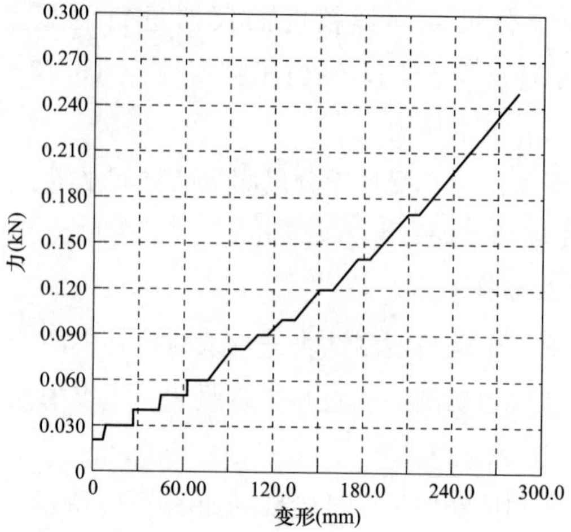

图 3-40　绝缘毯拉伸强度和扯断伸长率试验曲线

5. 抗机械刺穿试验

绝缘毯抗机械刺穿试验的试验方法参照 3.3.4.1 中绝缘手套的抗机械刺穿试验。绝缘毯抗机械刺穿试验曲线如图 3-41 所示。

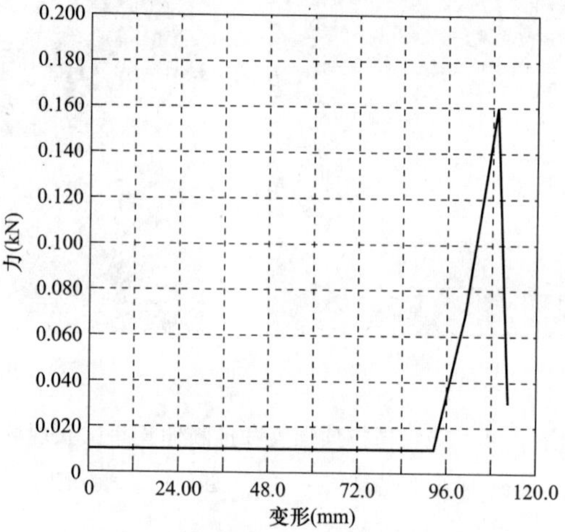

图 3-41　绝缘毯抗机械刺穿试验曲线

35kV 绝缘毯的抗刺穿强度为 40N/mm。

6. 电气试验

(1) 认证试验。试验方法参照 2.3.2.2 中绝缘毯的认证试验。

（2）交流耐压试验。试验方法参照 2.3.2.2 中绝缘毯的交流耐压试验。

（3）交流电压试验。

1）交流电压试验参照 3.3.4.1 中绝缘手套的交流电压试验。

2）35kV 绝缘毯在交流认证试验和耐压试验中，若无闪络、击穿和明显发热，则试验通过。

3.3.4.4　导线遮蔽罩

1. 机械试验

绝缘遮蔽罩的机械试验为低温条件下的试验。试验前，将绝缘遮蔽罩放置在温度为−25℃、相对湿度在 20%以下的人工气候室中进行预处理。

将绝缘遮蔽罩移出人工气候室，在 2min 内对其进行机械试验。如果在 2min 内不能完成试验，应将遮蔽罩移入人工气候室中再放置 2h，然后取出并在 2min 内完成试验。重置以上程序直至完成机械试验。

机械试验采用摆锤法。摆锤固定在一个摆动臂的末端，可绕一个水平轴旋转，锤子由于重力的作用而在垂直平面内摆动。绝缘遮蔽罩固定在刚性框架上。摆锤法冲击试验布置及装配图如图 3-42 所示。

锤子的臂是一根外径为 9mm、内径为 8mm 的钢管，顶部是一个有摆动轴的设备，它可以调整撞击，摆锤的轴线总是与刚性框架的支撑面相垂直；一个 1.5kg 的小锤固定在其底部，且有 1m 的旋转半径，当锤子从高处下落时，产生冲击力。

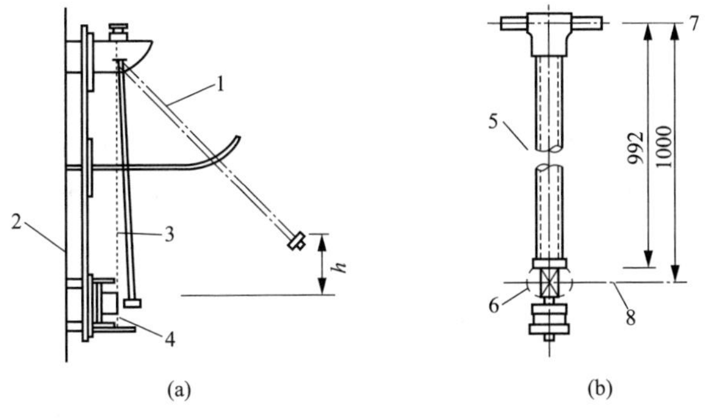

图 3-42　摆锤法冲击试验布置及装配图（一）

（a）侧视图；（b）正视图

1—可调摆动轴；2—框架；3—垂直平面；4—试品；5—钢管；6—锤子；7—摆动轴；8—锤轴；h—落下高度

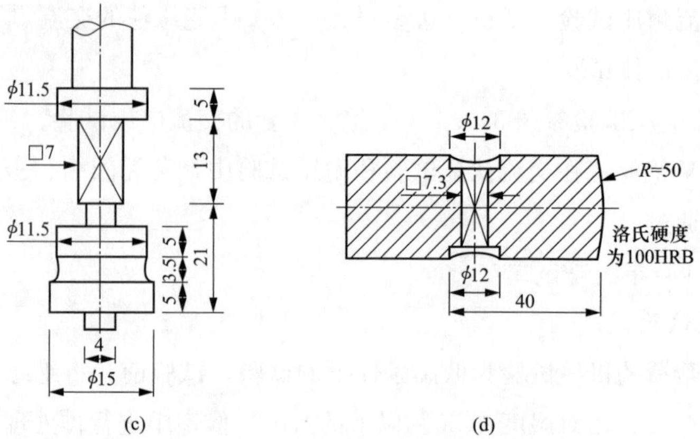

图 3-42 摆锤法冲击试验布置及装配图（二）

（c）锤子装配图；（d）摆锤尺寸

在试验中，沿着绝缘遮蔽罩的顶部和两侧面每隔 100mm 处施加一次能量为 20J 的冲击力。

35kV 导线绝缘遮蔽罩受到冲击力作用后，其凹痕直径在 2～4mm 之间，未超过 5mm 的限定值，且冲击处无裂痕、无明显损伤。

2. 电气试验

（1）电极。

1）内电极。35kV 线路带电更换绝缘子作业采用的导线绝缘遮蔽罩内径为 38mm，因此选直径为 32mm 的金属圆柱。

2）外电极。外电极采用电阻率较小的金属材料制成（如导电纤维、金属箔或网眼宽度小于 2mm 的金属网），其表面电阻应小于 100Ω。电极边缘应圆滑，并能与绝缘遮蔽罩很好地套合，不会使外电极挤压、刺入或损坏绝缘遮蔽罩。外电极应距绝缘遮蔽罩边缘 12.7mm，并且应比绝缘遮蔽罩短约 152mm。

试验电极如图 3-43 所示。

（2）交流电压试验。

1）交流电压试验方法参照 3.3.4.1 中绝缘手套的交流电压试验。

2）35kV 导线绝缘遮蔽罩在交流认证试验和耐压试验中应无闪络、击穿和明显发热。

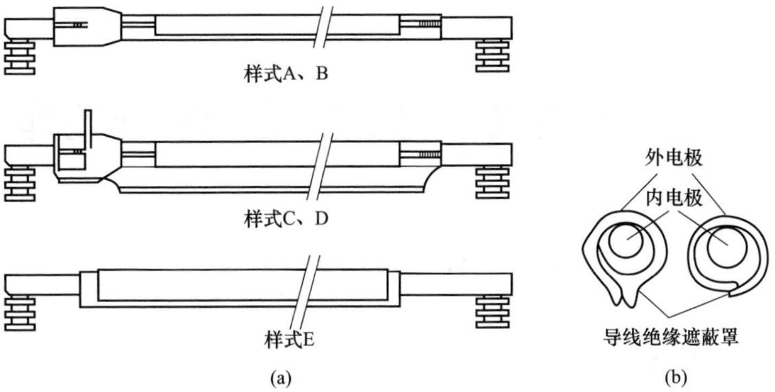

图 3-43 试验电极示意图

（a）验证试验内电极；（b）验证试验外电极

4 35kV 线路带电更换绝缘子现场作业

4.1 作 业 方 案

4.1.1 工程概况

带电更换 35kV 线路绝缘子工程概况见表 4-1。

表 4-1 带电更换 35kV 线路绝缘子工程概况

序号	线路名称	工作任务	塔型结构	作业方法	备注（材料）
1	35kV××线	带电更换 N6 杆复合绝缘子	门型	绝缘滑轮组地电位作业法	复合绝缘子串
2	35kV××线	带电更换 N9 杆复合绝缘子	门型	绝缘滑轮组地电位作业法	复合绝缘子串
3	35kV××线	带电更换 N11 杆复合绝缘子	门型	绝缘滑轮组地电位作业法	复合绝缘子串
4	35kV××线	带电更换 N12 杆复合绝缘子	门型	绝缘滑轮组地电位作业法	复合绝缘子串
5	35kV××线	带电更换 N13 杆复合绝缘子	门型	绝缘滑轮组地电位作业法	复合绝缘子串
6	35kV××线	带电更换 N14 杆复合绝缘子	门型	绝缘滑轮组地电位作业法	复合绝缘子串
7	35kV××线	带电更换 N25 杆复合绝缘子	门型	绝缘滑轮组地电位作业法	复合绝缘子串
8	35kV××线	带电更换 N26 杆复合绝缘子	门型	绝缘滑轮组地电位作业法	复合绝缘子串
9	35kV××线	带电更换 N27 杆复合绝缘子	“上”字型	绝缘滑轮组地电位作业法	复合绝缘子串
10	35kV××线	带电更换 N28 杆复合绝缘子	门型	绝缘滑轮组地电位作业法	复合绝缘子串
11	35kV××线	带电更换 N30 杆复合绝缘子	“上”字型	绝缘滑轮组地电位作业法	复合绝缘子串
12	35kV××线	带电更换 N31 杆复合绝缘子	“上”字型	绝缘滑轮组地电位作业法	复合绝缘子串

续表

序号	线路名称	工作任务	塔型结构	作业方法	备注（材料）
13	35kV××线	带电更换N33杆复合绝缘子	门型	绝缘滑轮组地电位作业法	复合绝缘子串
14	35kV××线	带电更换N34杆复合绝缘子	门型	绝缘滑轮组地电位作业法	复合绝缘子串

4.1.2 主要风险点及控制措施

带电作业主要风险点及控制措施见表4-2，综合评定为低风险。

表4-2　　带电作业主要风险点及控制措施

序号	主要风险点	控制措施
1	人身触电	（1）带电作业应在良好的天气下进行。工作开始前，查阅天气预报情况，如遇雷电（听见雷声、看见闪电）、雪、雹、雨、浓雾等，不应进行带电作业；风力大于5级（10.7m/s），或湿度大于80%时，不得进行带电作业。 （2）带电作业设置专责监护人，专责监护人应认真履行职责，不得参与工作；随时提醒作业人员与带电体保持《国家电网公司电力安全工作规程　线路部分》（Q/GDW 1799.2—2013）规定的安全距离，发现作业人员有危险动作时，责令其暂时停止工作。 （3）上下传递物件必须使用绝缘绳索，绝缘绳索及绝缘承力工具有效绝缘长度不得小于0.6m，绝缘操作杆有效绝缘长度不得小于0.9m。 （4）带电作业所使用绝缘工器具、个人防护器具必须保证在试验合格期内。使用工具前，应仔细检查其是否损坏、变形、失灵。 （5）带电作业过程中若遇天气突变、有可能危及人身或设备安全时，应立即停止工作，在保证人身安全的前提下尽快恢复设备正常状态，或采取其他措施
2	高空坠落	（1）带电作业必须使用绝缘安全带，上、下杆时不得失去绝缘安全带的保护。 （2）攀登前，检查确认杆基及杆身牢固、完好，拉线完好、齐全、受力正常。 （3）绝缘安全带应采用“高挂低用”的方式，不应系挂在移动、锋利或不牢固的物件上，作业过程中应随时检查绝缘安全带是否拴牢。 （4）攀登杆和转移位置时不应失去绝缘安全带的保护，不得利用绳索、拉线上下杆或顺杆下滑。 （5）攀登软梯前应对其进行冲击试验确认合格，上、下软梯必须使用后备保护绳，后备保护绳应可靠、有效

续表

序号	主要风险点	控制措施
3	设备故障电弧灼伤	（1）作业人员与带电体的安全距离不得小于 0.6m，与相邻带电体间的安全距离不得小于 0.8m。作业人员严禁同时接触不同电位，以防人体串入电路。 （2）等电位电工对接地体的安全距离不得小于 0.6m。转移电位时，人体裸露部分与带电体的距离不得小于 0.2m；严禁用头部转移电位。 （3）承力工具各部件应连接可靠、受力良好、无变形，不得超额定荷载使用
4	物体打击	（1）所有工作人员进入作业现场必须正确佩戴安全帽。 （2）承力工具不得超额定荷载使用。 （3）起吊工具材料时必须拴稳、拴牢，绑扎长件工具时应用尾绳控制。 （4）高空作业时作业人员必须使用工具袋，防止工具掉落。不得有人员在作业点正下方逗留和通过

4.1.3 施工流程

采用绝缘滑轮组地电位作业法更换 35kV 直线串绝缘子，其施工流程如图 4-1 所示。

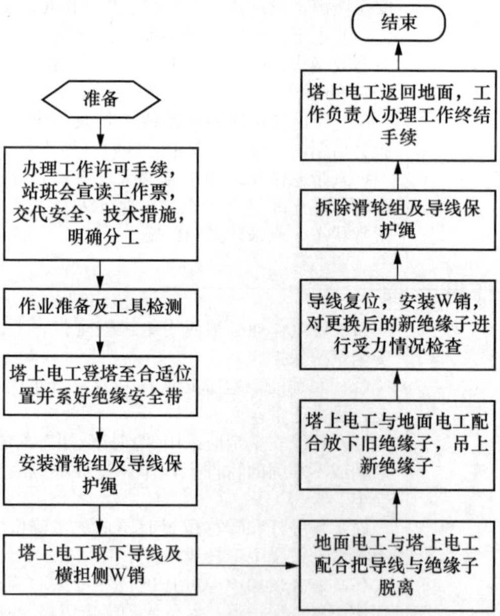

图 4-1　绝缘滑轮组地电位作业法更换 35kV 直线串绝缘子施工流程图

4.1.4 工具材料

工具材料见表4-3。

表4-3 工具材料表

序号	工具类型	工具名称	规格型号	数量	备注
1	绝缘工具	绝缘传递绳	ϕ10mm×30m	1条	合格
2		绝缘传递绳	ϕ14mm×60m	1条	合格
3		绝缘操作杆	35kV及以上	2副	合格
4		绝缘滑车	1.0t	2个	合格
5		绝缘绳套	ϕ12mm×0.5m	3条	合格
6		绝缘滑轮组（三穿绳）	1.5t	1组	合格
7	专用工具	导线后备保护绳	35kV及以上	1条	合格
8		碗头扶正器		1个	合格
9		小工具		1套	合格
10	个人防护用具	绝缘安全带	通用	若干	合格
11		安全帽		若干	合格
12		屏蔽服	Ⅰ型	3套	合格
13	辅助安全用具	手套		若干	合格
14		防潮苫布	3m×3m	2张	合格
15		工具袋及工具箱		2个	合格
16		桶包		2个	合格
17	仪器仪表	风速仪		1个	合格
18		温/湿度仪		1个	合格
19		绝缘电阻检测仪	1000MΩ	1台	合格
20		万用表		1个	合格

注 小工具包括拔销器、扳手、小钳子、卸扣等。

4.1.5 现场作业步骤

4.1.5.1 现场作业准备

现场作业准备内容见表4-4。

表4-4 现场作业准备内容

序号	作业步骤	安全要求及作业标准
1	办理工作许可	（1）工作负责人须持当次作业工作票及本施工方案。 （2）工作负责人提出开工申请：申请开始35kV线路带电作业。 （3）得到工作许可后，方可开始作业

续表

序号	作业步骤	安全要求及作业标准
2	现场复勘	（1）工作负责人组织核对线路名称、杆塔号、缺陷情况与工作票是否一致。 （2）检查杆塔基础、结构、现场气象条件及周边环境
3	工作交底	（1）工作负责人组织全体工作人员在现场列队宣读工作票，明确作业分工，交代工作任务、作业方法、安全措施及危险点控制措施。 （2）专责监护人检查工作人员健康情况、精神状态、劳动保护着装情况和个人工器具是否完好、齐全。 （3）工作班成员明确分工后，在工作票上签字确认，工作负责人发布开始工作指令
4	作业工器具检测	（1）作业人员将工器具整齐摆放在防潮苫布上，进行全面外观检查。用干燥、清洁的毛巾对绝缘工具进行表面清洁，不得裸手持绝缘工具，并用绝缘电阻检测仪对绝缘工具进行绝缘电阻检测，确认绝缘电阻不小于 700MΩ。 （2）作业人员检查绝缘子更换工具，确认各部件连接完好、表面无缺损。 （3）绝缘工器具在试验有效期内，且经现场检测合格后方可使用

4.1.5.2 施工过程控制

施工过程控制内容见表 4-5（绝缘杆作业法更换 35kV 线路直线绝缘子）。

表 4-5　　施工过程控制内容

序号	作业步骤	安全要求及作业标准
1	地电位电工登杆	（1）检查杆塔基础、拉线等是否牢靠，若有拉线松弛，应首先调整好拉线至正常受力状态。 （2）地电位电工检查绝缘安全带外观是否完好、进行冲击试验后向工作负责人汇报。 （3）塔上电工穿着全套屏蔽服、绝缘安全带及携带个人工具袋登杆，攀爬动作熟练、不打滑。 （4）横担端地电位电工作业及转位时不得失去绝缘安全带的保护。绝缘安全带应“高挂低用”，并系在牢固的构件上，防止从杆顶脱出或被锋利物伤害。作业过程中，主杆上地电位电工时刻检查横担端地电位电工的绝缘安全带是否拴牢、人身两道后备保护绳是否固定

续表

序号	作业步骤	安全要求及作业标准
2	带电更换悬垂绝缘子	（1）1号电工携带绝缘滑车、绝缘绳登塔至横担头，系好绝缘安全带。2号电工携带操作杆登至导线水平位置的主杆上，系好绝缘安全带，并向工作负责人报告（在上方有导线的作业点，应先装好绝缘挡板后方可进入作业点）。 （2）地面电工正确组装绝缘滑轮组，用绝缘绳传递给1号电工。 （3）2号电工配合挂上导线后备保护绳，1号电工在合适的位置装好绝缘滑轮组。 （4）地面电工收紧绝缘滑轮组，使导线荷重转移到绝缘滑轮组上。1号电工检查绝缘滑轮组承力情况，确认无问题后向工作负责人报告。地面电工缓慢松开绝缘滑轮组尾绳使绝缘子恢复原状，2号电工取出绝缘子串下端W销。 （5）地面电工收紧绝缘滑轮组尾绳，2号电工与地面电工相互配合，使导线与绝缘子串脱离。导线下沉时不得危及被跨越物的安全。 （6）横担侧电工断开绝缘子与横担挂点的连接，与地面电工互相配合，放下旧绝缘子串，换上新绝缘子串。 （7）塔上电工与地面电工相互配合，使导线和绝缘子恢复原状，并装上W销，检查受力情况
3	地电位电工下杆	（1）经验收合格后，地电位电工确认杆上无遗留物，经工作负责人许可后下杆。下杆过程中避免踩空，并手抓牢固构件，与带电体的安全距离不得小于0.6m。 （2）高处作业及转位时不得失去绝缘安全带的保护。 （3）不得利用绳索、拉线下杆或顺杆下滑

4.1.5.3　作业结束

作业结束内容见表4-6。

表4-6　　作业结束内容

序号	作业步骤	安全要求及作业标准
1	整理工器具及清理现场	地面作业人员将工器具收拾完整，将现场清理干净，做到“工完、料净、场地清”
2	办理工作终结手续	工作负责人确认带电作业工作已完成并经验收合格，设备上无遗留物，人员已撤离，可结束工作票

4.2　现场作业案例

4.2.1　班前会

班前会如图4-2所示。

图 4-2　班前会

4.2.2　工器具准备

工器具准备如图 4-3 所示。

图 4-3　工器具准备

4.2.3　作业人员登杆

作业人员登杆如图 4-4 所示。

4.2.4　传递工器具

传递工器具如图 4-5 所示。

图 4-4　作业人员登杆

图 4-5　传递工器具

4.2.5　安装绝缘子更换工具

安装绝缘子更换工具如图 4-6 所示。

图 4-6　安装绝缘子更换工具

4.2.6　拆除旧绝缘子

拆除旧绝缘子如图 4-7 所示。

(a) (b)

图 4-7 拆除旧绝缘子

（a）作业步骤 1；（b）作业步骤 2

4.2.7 安装新绝缘子

安装新绝缘子如图 4-8 所示。

4.2.8 拆除更换绝缘子工具

拆除更换绝缘子工具如图 4-9 所示。

图 4-8 安装新绝缘子

图 4-9 拆除更换绝缘子工具

4.2.9 作业人员下塔

作业人员下塔如图 4-10 所示。

图 4-10　作业人员下塔